모킹버드 수학 모의고사 1회

수학 영역

성명		수험번호						—			

○ 문제지의 해당란에 성명과 수험번호를 정확히 쓰시오.

○ 답안지의 필적 확인란에 다음의 문구를 정자로 기재하시오.

이제는 또 다른 꿈을 꿀 차례입니다.

○ 답안지의 해당란에 성명과 수험 번호를 쓰고, 또 수험 번호와 답을 정확히 표시하시오.

○ 단답형 답의 숫자에 '0'이 포함되면 그 '0'도 답란에 반드시 표시하시오.

○ 문항에 따라 배점이 다르니, 각 물음의 끝에 표시된 배점을 참고하시오. 배점은 2점, 3점 또는 4점입니다.

○ 계산은 문제지의 여백을 활용하시오.

※ 공통 과목 및 자신이 선택한 과목의 문제지를 확인하고, 답을 정확히 표시하시오.

○ 공통과목 ·· 1~8 쪽
○ 선택과목

  확률과 통계 ··· 9~12 쪽

  미적분 ··· 13~16 쪽

  기하 ··· 17~20 쪽

※ 시험이 시작되기 전까지 표지를 넘기지 마시오.

출제/검토진

출제진
지인선 (KAIST 수리과학과 최우등 졸업)
김한솔 (서울대학교 공과대학, 대치 두각 출강)
박성규 (성균관대 반도체시스템공학과)
박인겸 (서울대학교 인문대학)
전용욱 (DGIST 물리학과)
이지훈 (홍익대학교 수학교육과)

검토진
최준열 (부산대학교 의학과)
김향하 (전남대학교 의학과)
최영길 (충남대학교 의학과)
정결 (서울대학교 약학과)
백승우 (KAIST 전기 및 전자공학부, 기출의 파급효과)

수학 영역

1. $\left(\dfrac{9}{3^{\sqrt{2}}}\right)^{1+\sqrt{2}}$의 값은? [2점]

① $\dfrac{1}{3^{\sqrt{2}}}$　② $\dfrac{1}{3}$　③ 1　④ 3　⑤ $3^{\sqrt{2}}$

2. 함수 $f(x)=2x^3+2x+5$에 대하여 $\displaystyle\lim_{h\to0}\dfrac{f(1+h)-f(1)}{h}$의 값은? [2점]

① 6　② 7　③ 8　④ 9　⑤ 10

3. $0<\theta<\dfrac{\pi}{4}$인 θ에 대하여 $\dfrac{1}{\tan\theta+1}-\dfrac{1}{\tan\theta-1}=4$일 때, $\tan\theta$의 값은? [3점]

① $\dfrac{\sqrt{3}}{3}$　② $\dfrac{1}{2}$　③ $\dfrac{\sqrt{2}}{2}$　④ $\dfrac{\sqrt{3}}{2}$　⑤ $\sqrt{3}$

4. 함수

$$f(x)=\begin{cases} x^2-a & (x\le2) \\ ax+1 & (x>2) \end{cases}$$

이 실수 전체의 집합에서 연속일 때, 상수 a의 값은? [3점]

① 1　② 2　③ 3　④ 4　⑤ 5

5. 다항함수 $f(x)$에 대하여 함수 $g(x)$를

$$g(x)=(x^2+3)f(x)$$

이라 하자. $f(2)=1$, $f'(2)=3$일 때, $g'(2)$의 값은? [3점]

① 22　　② 25　　③ 28　　④ 31　　⑤ 34

6. 양수 a에 대하여 함수 $f(x)=2\sin\left(\dfrac{\pi x}{a}+\dfrac{\pi}{3}\right)+a$의 주기가 8일 때, 함수 $f(x)$의 최댓값은? [3점]

① 4　　② 5　　③ 6　　④ 7　　⑤ 8

7. 두 양수 a, b에 대하여

$$\log_2(a+3b)=3, \quad \log_2 a+\log_2 b=1$$

일 때, a^2+9b^2의 값은? [3점]

① 36　　② 40　　③ 44　　④ 48　　⑤ 52

8. 함수 $f(x)=ax^3-3x^2+8x+b$가 $x=4$에서 극솟값 5를 가질 때, 함수 $f(x)$의 극댓값은? (단, a, b는 상수이다.) [3점]

① $\dfrac{16}{3}$ ② $\dfrac{17}{3}$ ③ 6   ④ $\dfrac{19}{3}$ ⑤ $\dfrac{20}{3}$

9. 다항함수 $f(x)$와 0이 아닌 상수 a가 모든 실수 x에 대하여

$$xf(x)+\int_a^x f(t)dt=x^3-3x^2$$

이다. $a+f(a)$의 값은? [4점]

① 4   ② 6   ③ 8   ④ 10   ⑤ 12

10. 첫째항이 자연수인 등차수열 $\{a_n\}$의 첫째항부터 제 n항까지의 합을 S_n이라 하자.

$$S_5-S_2=18,\ S_{10}<0$$

일 때, a_1의 최솟값은? [4점]

① 16   ② 17   ③ 18   ④ 19   ⑤ 20

11. 양수 k에 대하여 방정식 $\tan \pi x = k \cos \pi x$의 서로 다른 양의 실근을 작은 수부터 차례대로 α_1, α_2, α_3, $\cdots$ 라 하자. α_1, α_2, α_3가 이 순서대로 등비수열을 이룰 때, $k^2 + \alpha_7$의 값은? [4점]

① $\dfrac{31}{4}$ ② $\dfrac{33}{4}$ ③ $\dfrac{35}{4}$ ④ $\dfrac{37}{4}$ ⑤ $\dfrac{39}{4}$

12. 두 점 P와 Q는 시각 $t=0$일 때 각각 점 $\mathrm{A}(a)$, $\mathrm{B}(2)$에서 출발하여 수직선 위를 움직인다. 두 점 P와 Q의 시각 $t(t \geq 0)$에서의 속도는 각각

$$v_1(t) = 2t - 4, \quad v_2(t) = t$$

이다. 시각 $t = s\,(s > 0)$에서 두 점 P, Q가 만나고, 출발한 시각부터 $t = s$까지 점 P가 움직인 거리와 점 Q가 움직인 거리의 합은 38이다. 상수 a의 값은? [4점]

① 4 ② 5 ③ 6 ④ 7 ⑤ 8

13. 최고차항의 계수가 양수이고 극댓값이 양수인 삼차함수 $f(x)$와 상수 k에 대하여

$$\lim_{x \to 0} \frac{f(x)\{k-f(x-k)\}}{x^4} = 1$$

일 때, $f(2)$의 값은? [4점]

① $\dfrac{16}{3}$　② $\dfrac{50}{9}$　③ $\dfrac{52}{9}$　④ 6　⑤ $\dfrac{56}{9}$

14. 그림과 같이 사각형 ABCD가 원 C_1에 내접하고, 선분 AD를 지름으로 하는 원 C_2가 있다. 두 선분 AB, AC가 원 C_2와 만나는 점을 각각 E, F라 할 때,

$$\overline{BE} = 16, \quad \overline{AF} = \overline{CF}, \quad \angle BAF = \angle FAD$$

이고, 원 C_1의 반지름의 길이와 원 C_2의 반지름의 길이의 비는 $5:3$일 때, 삼각형 BEF의 넓이는? [4점]

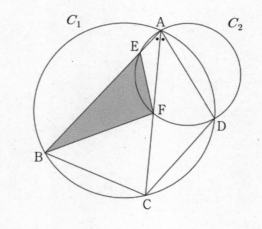

① 39　② 42　③ 45　④ 48　⑤ 51

15. 최고차항의 계수가 1인 삼차함수 $f(x)$에 대하여 부등식

$$x \times f^{'}(x) \times f(x) > 0$$

의 해는 $|x| > k$이다. $f(0) = 20$일 때, $k + f(5)$의 값은?
(단, k는 상수이다.) [4점]

① 70　　② 72　　③ 74　　④ 76　　⑤ 78

단답형

16. 함수 $f(x) = x^3 - 3x + 20$의 극댓값을 구하시오. [3점]

17. 등차수열 $\{a_n\}$에 대하여

$$\sum_{k=1}^{3} a_k = 6, \quad \sum_{k=1}^{5} (a_k + k) = 50$$

일 때, a_{10}의 값을 구하시오. [3점]

18. 삼차함수 $f(x)$가

$$\lim_{x \to 0} \frac{f(x)-4}{x} = \lim_{x \to 2} \frac{f(x)}{x-2} = 0$$

일 때, $f(5)$의 값을 구하시오. [3점]

19. 2이상의 자연수 n에 대하여 $(n-5)(n-11)$의 n제곱근 중 실수인 것이 존재하지 않도록 하는 모든 n의 값의 합을 구하시오. [3점]

20. 양수 k와 함수 $f(x) = |\log_2(kx)|$에 대하여, 그래프 $y = f(x)$ 위에 있는 서로 다른 세 점 A, B, C의 x좌표를 각각 x_1, x_2, x_3이라 할 때, 다음 조건을 만족시킨다.

(가) $f(x_1) = f(x_2)$이고 $x_1 = \dfrac{x_2}{4} = \dfrac{x_3}{32}$이다.

(나) 삼각형 ABC의 넓이는 $\dfrac{3}{16}$이다.

k의 값을 구하시오. [4점]

21. 사차함수 $f(x)$와 실수 t에 대하여 함수 $|f(x)-t|$가 미분가능하지 않은 점의 개수를 $g(t)$라 할 때, 부등식

$$g(a) > g(f(1)) + g(f(2))$$

을 만족시키는 모든 a의 값의 범위는

$$1 < a < 2 \text{ 또는 } a > 2$$

이다. $f'(1) + f'(2) > 0$일 때, $f(7)$의 값을 구하시오. [4점]

22. 첫째항이 자연수인 수열 $\{a_n\}$이 모든 자연수 n에 대하여

$$a_{n+1} = \begin{cases} 2a_n & (a_n \le 10) \\ a_n - a_3 + 2 & (a_n > 10) \end{cases}$$

이다. $a_5 = 10$이도록 하는 모든 a_1의 값의 합을 구하시오. [4점]

---

* 확인 사항

○ 답안지의 해당란에 필요한 내용을 정확히 기입(표기)했는지 확인하시오.

○ 이어서, **「선택과목(확률과 통계)」** 문제가 제시되오니, 자신이 선택한 과목인지 확인하시오.

제 2 교시

수학 영역(확률과 통계)

5지선다형

23. 확률변수 X가 이항분포 $B\left(48, \dfrac{1}{4}\right)$을 따를 때, $V(X-4)$의 값은? [2점]

① 5 　　② 6 　　③ 7 　　④ 8 　　⑤ 9

24. 한 개의 주사위를 두 번 던져 나온 눈의 수를 차례로 a, b라 할 때, $(a+b)^2-13(a+b)+36=0$일 확률은? [3점]

① $\dfrac{5}{36}$ 　　② $\dfrac{1}{6}$ 　　③ $\dfrac{7}{36}$ 　　④ $\dfrac{2}{9}$ 　　⑤ $\dfrac{1}{4}$

25. 다항식 $(x-a)^6+(x+a)^4$ 에서 x^3 의 계수는 $-\dfrac{1}{2}$ 일 때, 양수 a의 값은? [3점]

① $\dfrac{1}{4}$ ② $\dfrac{1}{2}$ ③ $\dfrac{3}{4}$ ④ 1 ⑤ $\dfrac{5}{4}$

26. 다음 조건을 만족시키는 세 자연수 a, b, c의 모든 순서쌍 $(a,\ b,\ c)$의 개수는? [3점]

> (가) $a+b+c=21$
> (나) abc는 짝수이다.

① 90 ② 105 ③ 120 ④ 135 ⑤ 150

27. 어느 과수원의 사과나무 한 그루에 열리는 사과의 개수는 평균이 m, 표준편차가 σ인 정규분포를 따른다. 이 과수원의 사과나무 중 25그루를 임의추출하여 구한 사과나무 한 그루에 열리는 사과의 개수의 표본평균이 $\overline{x_1}$일 때, 모평균 m에 대한 신뢰도 95%의 신뢰구간은 $a \le m \le b$이다. 다시 이 과수원의 사과나무 중 n그루를 임의추출하여 구한 사과나무 한 그루에 열리는 사과의 개수의 표본평균이 $\overline{x_2}$일 때, 모평균 m에 대한 신뢰도 99%의 신뢰구간은 $c \le m \le d$이다. $b-a=7.84$, $d-c=8.6$일 때, $n+\sigma$의 값은? (단, Z가 표준정규분포를 따르는 확률변수일 때, $P(|Z| \le 1.96)=0.95$, $P(|Z| \le 2.58)=0.99$로 계산한다.) [3점]

① 35   ② 46   ③ 59   ④ 74   ⑤ 91

28. 좌표평면 위의 원점에 점 P가 있다. 한 개의 동전을 사용하여 다음 시행을 한다.

> 동전을 한 번 던져
> 앞면이 나오면 점 P를 x축 방향으로 2만큼 이동시키고
> 뒷면이 나오면 점 P를 y축 방향으로 1만큼 이동시킨다.

위의 시행을 9번 반복할 때, $n\,(1 \le n \le 9)$번째 시행 후 점 P의 위치를 A_n이라 하자. 직선 OA_9의 기울기가 $\frac{1}{4}$일 때, 점 $A_1, A_2, A_3, \cdots, A_9$ 중에서 직선 $x+y=5$ 위의 점이 존재할 확률은? (단, O는 원점이다.) [4점]

① $\frac{13}{24}$ ② $\frac{7}{12}$ ③ $\frac{5}{8}$ ④ $\frac{2}{3}$ ⑤ $\frac{17}{24}$

29. 각 면에 숫자 0, 1, 2 중 하나가 적힌 정십이면체 모양의 주사위를 굴려 밑면에 적힌 숫자를 기록하는 시행을 한다. 이 시행을 두 번 하여 얻은 두 숫자를 곱한 값을 확률변수 X라 할 때, $P(X=0)=\dfrac{5}{9}$, $E(X)=\dfrac{49}{36}$ 이다. 주사위에 적힌 숫자 1의 개수를 p, 숫자 2의 개수를 q라 할 때, p^2+q의 값을 구하시오. [4점]

30. 네 명의 학생 A, B, C, D에게 같은 종류의 사인펜 12개와 같은 종류의 볼펜 6개를 다음 규칙에 따라 남김없이 나누어 주는 경우의 수를 구하시오. [4점]

(가) 각 학생은 1개 이상의 사인펜과 1개 이상의 볼펜을 받는다.

(나) 받은 사인펜의 수와 볼펜 수의 곱이 짝수인 학생은 오직 2명이다.

수학 영역(미적분)

5지선다형

23. $\lim\limits_{x \to 0} \dfrac{e^{3x} - 1 + \ln(1 + 2x)}{\sin x}$ 의 값은? [2점]

① 1   ② 2   ③ 3   ④ 4   ⑤ 5

24. 공비가 $-\dfrac{1}{2}$ 인 등비수열 $\{a_n\}$ 에 대하여 $\sum\limits_{n=3}^{\infty} a_n = 4$ 일 때, a_1 의 값은? [3점]

① 6   ② 12   ③ 24   ④ 48   ⑤ 96

25. $\overline{AB}=2$, $\overline{AC}=1$, $\angle BAC=\theta\,(0<\theta<\pi)$인 삼각형 ABC에서 선분 BC의 길이를 $f(\theta)$라 하자. $f'\left(\dfrac{\pi}{3}\right)$의 값은? [3점]

① $\dfrac{1}{2}$ ② 1 ③ $\dfrac{3}{2}$ ④ 2 ⑤ $\dfrac{5}{2}$

26. 매개변수 $t\,(t>0)$로 나타내어진 곡선

$$x=\sqrt{t}\ln t,\quad y=t+2\sqrt{t}$$

에서 $t=e^2$일 때, $\dfrac{dy}{dx}$의 값은? [3점]

① $\dfrac{e-2}{2}$ ② $\dfrac{e-1}{2}$ ③ $\dfrac{e}{2}$ ④ $\dfrac{e+1}{2}$ ⑤ $\dfrac{e+2}{2}$

27. $x \geq 0$에서 정의된 연속함수 $f(x)$가 다음 조건을 만족시킬 때, $\displaystyle\int_0^2 f(x)dx$의 값은? [3점]

(가) 모든 0이상의 실수 x에 대하여 $f(x+1) = xf(x)+a$이다.
　　(단, a는 상수)
(나) $0 \leq x < 1$에서 $f(x) = e^{x^2+2x}$이다.

① $\dfrac{e^3-1}{2}$ ② $\dfrac{e^3}{2}$ ③ $\dfrac{2e^3-1}{2}$ ④ e^3 ⑤ $\dfrac{3e^3-1}{2}$

28. 모든 항이 0이 아닌 수열 $\{a_n\}$이 다음 조건을 만족시킬 때, $a_1+a_2+a_3$의 값은? [4점]

(가) 모든 자연수 n에 대하여
$$a_{n+1} + \sum_{k=1}^{n} a_k a_{k+1}\left(-\frac{1}{2}\right)^k = 4$$이다.
(나) $\displaystyle\lim_{n \to \infty} a_n = 12$

① $-\dfrac{10}{3}$ ② -2 ③ $-\dfrac{2}{3}$ ④ $\dfrac{2}{3}$ ⑤ 2

단답형

29. 실수 t에 대하여 두 곡선 $y=e^{x+t}$와 $y=e^{-x}+6e^{-t}$의 교점의 y좌표를 $f(t)$라 하자. $f(\ln 3)+f'(\ln 3)=\dfrac{q}{p}$일 때, $p+q$의 값을 구하시오. (단, p와 q는 서로소인 자연수이다.) [4점]

30. 열린구간 $(-1, \infty)$에서 정의된 미분가능한 함수 $f(x)$가 다음 조건을 만족시킨다.

> (가) $\displaystyle\int_0^{\frac{1}{2}} \dfrac{f(x)}{(x+1)^2}\,dx=5$
>
> (나) $\displaystyle\int_0^{\frac{\pi}{6}} f'(\sin t)\times(\sec t-\tan t)\,dt=20$

$f(0)=3$일 때, $f\left(\dfrac{1}{2}\right)$의 값을 구하시오. [4점]

* 확인 사항
○ 답안지의 해당란에 필요한 내용을 정확히 기입(표기)했는지 확인 하시오.
○ 이어서, 「**선택과목(기하)**」 문제가 제시되오니, 자신이 선택한 과목인지 확인하시오.

제 2 교시

5지선다형

23. 포물선 $y^2 = 4(x-1)$의 초점의 좌표는 $(a, 0)$이다. a의 값은?
[2점]

① 1 　　② 2 　　③ 3 　　④ 4 　　⑤ 5

24. 좌표공간의 점 $A(3, 1, 2)$를 yz평면에 대하여 대칭이동한 점을 B라 할 때, 선분 AB의 길이는? [3점]

① 2 　　② 4 　　③ 6 　　④ 8 　　⑤ 10

25. 좌표평면에서 두 직선

$$\frac{x-1}{4} = \frac{2-y}{3}, \quad \frac{x-3}{2} = y+1$$

이 이루는 예각의 크기를 θ라 할 때, $\cos\theta$의 값은? [3점]

① $\frac{\sqrt{2}}{2}$ ② $\frac{\sqrt{3}}{3}$ ③ $\frac{1}{2}$ ④ $\frac{\sqrt{5}}{5}$ ⑤ $\frac{\sqrt{6}}{6}$

26. 쌍곡선 $\dfrac{(x-2)^2}{8} - \dfrac{y^2}{2} = 1$의 원점을 지나는 한 접선의 기울기가 양수 m일 때, m의 값은? [3점]

① $\frac{1}{4}$ ② $\frac{\sqrt{2}}{4}$ ③ $\frac{1}{2}$ ④ $\frac{\sqrt{2}}{2}$ ⑤ 1

27. 그림과 같이 직선 l을 교선으로 하는 두 평면 α, β와 평면 α 위의 두 점 A, B가 있다. 점 A에서 평면 β에 내린 수선의 발을 H라 할 때, 세 점 A, B, H가 다음 조건을 만족시킨다.

> (가) 두 점 A, B에서 직선 l에 내린 수선의 발을 각각 A′, B′이라 할 때, $\overline{A'B'} = \sqrt{11}$이다.
>
> (나) 삼각형 ABH는 한 변의 길이가 4인 정삼각형이다.

두 평면 α와 β가 이루는 예각의 크기를 θ라 할 때, $\cos\theta$의 값은? [3점]

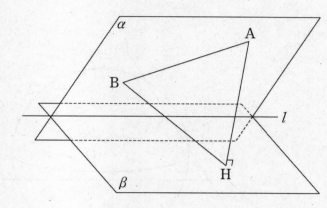

① $\dfrac{\sqrt{3}}{3}$　② $\dfrac{\sqrt{5}}{5}$　③ $\dfrac{\sqrt{7}}{7}$　④ $\dfrac{1}{3}$　⑤ $\dfrac{\sqrt{11}}{11}$

28. $\overline{AB} = \overline{AC} = 3$인 삼각형 ABC와 선분 AB 위에 있는 점 P, 선분 AC 위에 있는 점 Q가 다음 조건을 만족시킨다.

> (가) $2\overrightarrow{PB} + \overrightarrow{AQ} = \overrightarrow{QC} - \overrightarrow{PQ}$
>
> (나) $2|\overrightarrow{PQ}||\overrightarrow{BC}| = \sqrt{3}\,\overrightarrow{PQ} \cdot (\overrightarrow{PQ} + \overrightarrow{PC})$

$\overrightarrow{PQ} \cdot \overrightarrow{PC}$의 값은? [4점]

① 2　　② $\dfrac{5}{2}$　　③ 3　　④ $\dfrac{7}{2}$　　⑤ 4

29. 두 점 $F(c, 0)$, $F'(-c, 0)(c>0)$을 초점으로 하는 타원 C가 있다. 타원 C 위에 있는 제 1사분면 위의 한 점을 P, 타원 C가 x축과 만나는 점 중 x좌표가 양수인 점을 Q라 하자. 점 Q에서 타원에 접하는 직선이 직선 PF′와 만나는 점을 R라 할 때, 다음 조건을 만족시킨다.

(가) $\cos(\angle PFQ) + \cos(\angle PRQ) = 0$
(나) $\overline{PF} + \overline{PR} = 13$, $\overline{PF} : \overline{QR} = 2 : 3$

사각형 FPRQ의 넓이를 구하시오. [4점]

30. 그림과 같이 점 O를 중심으로 하고 반지름의 길이가 $\sqrt{3}$인 구 S와 평면 α가 점 A에서 접한다. 평면 α 위의 점 B를 지나는 직선 l이 구 S와 점 A가 아닌 점 C에서 접할 때, 평면 α 위의 점 D와 세 점 A, B, C가

$$\overline{BC} = \sqrt{10}, \quad \overline{CD} = 3\sqrt{2}, \quad \overline{BD} = 4, \quad \overline{BD} \perp \overline{OC}$$

를 만족시킨다. 삼각형 OCD의 평면 α 위로의 정사영의 넓이가 $\dfrac{q}{p}$일 때, $p+q$의 값을 구하시오. (단, p와 q는 서로소인 자연수이다.) [4점]

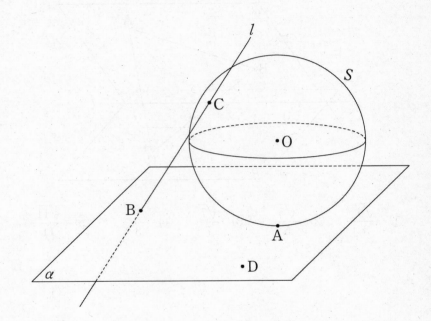

모킹버드 수학 모의고사 2회

수학 영역

| 성명 | | 수험번호 | | | | — | | | |

○ 문제지의 해당란에 성명과 수험번호를 정확히 쓰시오.

○ 답안지의 필적 확인란에 다음의 문구를 정자로 기재하시오.

함께한 시간, 함께한 마음, 잊지 않겠습니다.

○ 답안지의 해당란에 성명과 수험 번호를 쓰고, 또 수험 번호와 답을 정확히 표시하시오.

○ 단답형 답의 숫자에 '0'이 포함되면 그 '0'도 답란에 반드시 표시하시오.

○ 문항에 따라 배점이 다르니, 각 물음의 끝에 표시된 배점을 참고하시오. 배점은 2점, 3점 또는 4점입니다.

○ 계산은 문제지의 여백을 활용하시오.

※ 공통 과목 및 자신이 선택한 과목의 문제지를 확인하고, 답을 정확히 표시하시오.

○ 공통과목 ··· 1~8 쪽

○ 선택과목

　확률과 통계 ··· 9~12 쪽

　미적분 ·· 13~16 쪽

　기하 ··· 17~20 쪽

※ 시험이 시작되기 전까지 표지를 넘기지 마시오.

제 2 교시

수학 영역

5지선다형

1. $\sqrt[3]{54} \times 2^{\frac{2}{3}}$ 의 값은? [2점]

① 3 ② 4 ③ 5 ④ 6 ⑤ 7

2. 함수 $f(x)=x^3-2x^2+2$에 대하여 $f'(2)$의 값은? [2점]

① 1 ② 2 ③ 3 ④ 4 ⑤ 5

3. $0<\theta<\dfrac{\pi}{2}$인 θ에 대하여 $\sin\left(\dfrac{\pi}{2}+\theta\right)=\dfrac{2}{3}$일 때, $\tan\theta$의 값은? [3점]

① $\dfrac{\sqrt{5}}{2}$ ② $\dfrac{\sqrt{6}}{2}$ ③ $\dfrac{\sqrt{7}}{2}$ ④ $\sqrt{2}$ ⑤ $\dfrac{3}{2}$

4. 함수 $y=f(x)$의 그래프가 그림과 같다.

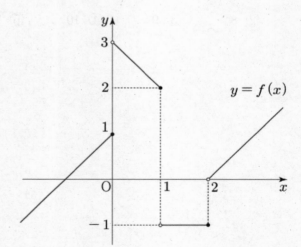

$\lim\limits_{x\to 0+}f(x)+\lim\limits_{x\to 2-}f(x)$의 값은? [3점]

① 1 ② 2 ③ 3 ④ 4 ⑤ 5

5. 부등식 $16^x - 6 \times 4^x + 8 \leq 0$의 해는 $\alpha \leq x \leq \beta$일 때, $\alpha + \beta$의 값은? [3점]

① $\frac{1}{2}$ ② 1 ③ $\frac{3}{2}$ ④ 2 ⑤ $\frac{5}{2}$

6. 함수 $f(x) = x^3 + 3x^2 - 9x + k$의 극솟값이 4일 때, 상수 k의 값은? [3점]

① 7 ② 8 ③ 9 ④ 10 ⑤ 11

7. 공비가 음수인 등비수열 $\{a_n\}$이

$$a_2 a_4 = 4, \quad a_1 a_5 a_6 = 64$$

일 때, $a_7 + a_8$의 값은? [3점]

① -64 ② -32 ③ -16 ④ 16 ⑤ 32

8. 시각 $t=0$일 때 원점을 출발하여 수직선 위를 움직이는 점 P의 시각 $t(t \geq 0)$에서의 속도는

$$v(t)=3t^2-2t-8$$

이다. 시각 $t=a\,(a>0)$에서 점 P의 속도가 13일 때, 시각 $t=a+1$일 때 점 P의 위치는? [3점]

① 14 ② 16 ③ 18 ④ 20 ⑤ 22

9. 도함수가 x^2-kx+4인 함수 $f(x)$에 대하여, 곡선 $y=f(x)$ 위의 점 $(0, f(0))$에서의 접선이 $y=f(x)$와 $(3, k)$에서 만난다. $f(6)$의 값은? (단, k는 상수이다.) [4점]

① 40 ② 45 ③ 50 ④ 55 ⑤ 60

10. 첫째항이 양수이고 $|a_2|=2$인 수열 $\{a_n\}$이 모든 자연수 n에 대하여

$$a_{n+1}=\begin{cases} a_n+2 & (a_n \leq 0) \\ -3a_n+1 & (a_n > 0) \end{cases}$$

일 때, a_1+a_{2025}의 값은? [4점]

① -5 ② -4 ③ -3 ④ -2 ⑤ -1

11. 다항함수 $f(x)$에 대하여 함수

$$g(x) = \begin{cases} f(x) & (x < 1) \\ x^4 - x^3 & (x \geq 1) \end{cases}$$

가 실수 전체의 집합에서 미분가능하다.

$$\lim_{x \to \infty} \frac{g(-x) + g'(2x)}{x^2} = 0$$

일 때, $f(0)$의 값은? [4점]

① 60 ② 65 ③ 70 ④ 75 ⑤ 80

12. 그림과 같이 $\angle ABC > \dfrac{\pi}{2}$, $\overline{AB} = \overline{BC} = 4$인 삼각형 ABC가 원 C에 내접하고, 원 C 외부의 점 D를

$$\angle ABD = \frac{\pi}{2}, \quad \overline{CD} = \sqrt{2}$$

가 되도록 잡는다. 삼각형 BCD의 외접원의 넓이가 32π일 때, 원 C의 넓이는? [4점]

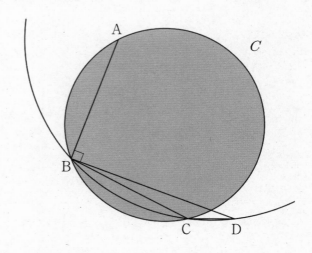

① $\dfrac{60}{7}\pi$ ② $\dfrac{62}{7}\pi$ ③ $\dfrac{64}{7}\pi$ ④ $\dfrac{66}{7}\pi$ ⑤ $\dfrac{68}{7}\pi$

13. 자연수 k와 함수 $f(x) = 28\sin\left(\dfrac{\pi x}{k}\right) + 36$가 있다. 다음 조건을 만족시키는 두 실수 a, b가 존재하도록 하는 모든 k의 값의 합은? [4점]

> $\{f(a)\}^2 = f(b)$이고, 곡선 $y = f(x)$ 위의 두 점
>
> $$A(a, f(a)), \quad B(b, f(b))$$
>
> 사이의 거리는 70이다.

① 52   ② 56   ③ 60   ④ 64   ⑤ 68

14. 최고차항의 계수가 양수이고 $x = 0$에서 극댓값을 갖는 삼차함수 $f(x)$와 실수 t에 대하여 x에 대한 방정식

$$f(f(x) - t) = 0$$

의 서로 다른 실근의 개수를 $g(t)$라 할 때, 다음 조건을 만족시킨다.

> (가) 함수 $g(t)$의 최솟값은 2이다.
> (나) 함수 $g(t)$는 오직 $t = \alpha$와 $t = \beta$에서만 불연속이다.
>   (단, $\alpha < \beta$)

$\alpha\beta = -18$일 때, $f(\beta - \alpha)$의 값은? [4점]

① 112   ② 126   ③ 140   ④ 154   ⑤ 168

15. 원 $C: x^2 + y^2 = 25$에 대하여, 곡선 $y = a^{x+b}(a>1)$가 C와 만나는 두 점 중 제 1사분면 위의 점을 P라 하고, 곡선 $y = \log_a x - b$가 C와 만나는 두 점 중 x좌표가 큰 점을 Q, 작은 점을 R라 하자. 두 점 P, R의 x좌표가 같고 삼각형 PQR의 넓이가 4일 때, a^7의 값은? (단, P의 y좌표는 x좌표보다 크다.) [4점]

① $\dfrac{4}{3}$ ② $\dfrac{5}{3}$ ③ 2 ④ $\dfrac{7}{3}$ ⑤ $\dfrac{8}{3}$

단답형

16. $\log_2 9 \times \log_3 64$의 값을 구하시오. [3점]

17. 다항함수 $f(x)$가 모든 실수 x에 대하여

$$f'(x) = 3x^2 + 2x$$

이고 $f(1) = 6$이다. $f(2)$의 값을 구하시오. [3점]

18. 두 곡선 $y=3x^3+2x$와 $y=x^3+4x^2$으로 둘러싸인 부분의 넓이는 $\dfrac{q}{p}$이다. $p+q$의 값을 구하시오. (단, p와 q는 서로소인 자연수이다.) [3점]

19. 공비가 1이 아닌 등비수열 $\{a_n\}$에 대하여 네 수

$$a_2,\ a_4,\ a_3,\ \frac{15}{2}$$

가 이 순서대로 등차수열을 이룰 때, a_1+a_3의 값을 구하시오. [3점]

20. 다음 조건을 만족시키는 모든 자연수 m의 값의 합을 구하시오. [4점]

> $(5n-3m)$의 n제곱근 중 실수인 것이 존재하지 않도록 하는 모든 2이상의 자연수 n의 개수는 3이다.

21. $\lim\limits_{x\to\infty}\dfrac{f(x)}{x^4}=\lim\limits_{x\to 1}\dfrac{f(x)}{x-1}=0$인 다항함수 $f(x)$가 있다. 실수 x에 대하여

$$\{f'(x)\mid f(x)=0\}=\{x\mid f'(x)=0\}$$

일 때, $f(4)$의 값을 구하시오. [4점]

22. 최고차항의 계수가 1인 이차함수 $f(x)$와 양수 α가 있다. 실수 t에 대하여 좌표평면 위의 직선

$$y=f(t)(x-t)+\int_0^t f(s)ds$$

가 제1사분면, 제2사분면, 제3사분면, 제4사분면 중 오직 2개만을 지나도록 하는 실수 t는 α와 $\alpha+1$뿐일 때, $\alpha+f(7)$의 값을 구하시오. [4점]

* 확인 사항

○ 답안지의 해당란에 필요한 내용을 정확히 기입(표기)했는지 확인하시오.

○ 이어서, 「선택과목(확률과 통계)」 문제가 제시되오니, 자신이 선택한 과목인지 확인하시오.

제 2 교시

수학 영역(확률과 통계)

5지선다형

23. 다항식 $x(x+a)^4$의 전개식에서 x^4의 계수가 28일 때, 상수 a의 값은? [2점]

① 3　　② 5　　③ 7　　④ 9　　⑤ 11

24. 확률변수 X가 이항분포 $\mathrm{B}\left(n,\ \dfrac{3}{4}\right)$을 따르고,

$$\sigma(X) \times \mathrm{V}(X) = 216$$

일 때, n의 값은? [3점]

① 144　　② 156　　③ 168　　④ 180　　⑤ 192

25. 숫자 1, 1, 1, 2, 2, 3가 하나씩 적혀 있는 6장의 카드 중에서 임의로 2장의 카드를 선택할 때, 선택한 2장의 카드에 적혀있는 수가 서로 다를 확률은? [3점]

① $\dfrac{3}{5}$　　② $\dfrac{2}{3}$　　③ $\dfrac{11}{15}$　　④ $\dfrac{4}{5}$　　⑤ $\dfrac{13}{15}$

26. 두 상수 a, m에 대하여 정규분포 $N(m, 3^2)$을 따르는 확률변수 X가

$$P(X \leq 1) + P(7 \leq X \leq 13) = P(X \geq 7) = a$$

일 때, $P(8a \leq X \leq 26a)$의 값을 아래의 표준정규분포표를 이용하여 구한 것은? [3점]

z	$P(0 \leq Z \leq z)$
0.5	0.1915
1.0	0.3413
1.5	0.4332
2.0	0.4772

① 0.4332　② 0.5328　③ 0.6687　④ 0.7745　⑤ 0.8185

27. 네 학생 A, B, C, D를 포함한 6명의 학생이 다음 조건을 만족시키도록 일정한 간격을 두고 원 모양의 탁자에 둘러앉는 경우의 수는? (단, 회전하여 일치하는 것은 같은 것으로 본다.) [3점]

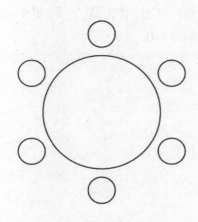

(가) A, B는 서로 이웃한다.
(나) C, D는 서로 이웃한다.
(다) B, C는 서로 이웃하지 않는다.

① 20　　② 30　　③ 40　　④ 50　　⑤ 60

28. 다음 조건을 만족시키는 자연수 x_1, x_2, x_3, x_4, x_5의 순서쌍 $(x_1, x_2, x_3, x_4, x_5)$의 개수는? [4점]

(가) $\sum_{n=1}^{5} x_n = 16$

(나) 5이하의 모든 자연수 n에 대하여 $\sum_{k=1}^{n} (-1)^{x_k} > 0$이다.

① 130　　② 145　　③ 160　　④ 175　　⑤ 190

단답형

29. 두 이산확률변수 X, Y의 확률분포를 표로 나타내면 각각 다음과 같다.

X	1	2	4	합계
$\mathrm{P}(X=x)$	a	b	$\dfrac{3}{2}a$	1

Y	1	4	16	합계
$\mathrm{P}(Y=y)$	$a-\dfrac{1}{10}$	b	$\dfrac{3}{2}a+\dfrac{1}{10}$	1

$\mathrm{E}(Y)-\mathrm{V}(X)=\dfrac{31}{4}$ 일 때, $\dfrac{\mathrm{E}(X)}{a}$의 값을 구하시오. [4점]

30. 두 집합 $X=\{1,2,3,4,5\}$, $Y=\{-2,0,1,2,3\}$에 대하여 다음 조건을 만족시키는 함수 $f:X\to Y$의 개수를 구하시오.

[4점]

> (가) $f(a)+f(b)=1$인 집합 X의 두 원소 a, b가 존재한다.
> (나) $f(1)f(2)+3<0$

* 확인 사항

○ 답안지의 해당란에 필요한 내용을 정확히 기입(표기)했는지 확인하시오.

○ 이어서, 「**선택과목(미적분)**」 문제가 제시되오니, 자신이 선택한 과목인지 확인하시오.

제2교시

수학 영역(미적분)

5지선다형

23. $\lim\limits_{n \to \infty} \sqrt{n}\left(\sqrt{n+5} - \sqrt{n+1}\right)$의 값은? [2점]

① 1   ② 2   ③ 3   ④ 4   ⑤ 5

24. $\int_0^{\frac{\pi}{3}} \dfrac{\sin x}{1 - \sin^2 x}\,dx$의 값은? [3점]

① -1 ② $-\dfrac{1}{2}$ ③ $\dfrac{1}{2}$ ④ 1 ⑤ $\dfrac{3}{2}$

25. $x > 0$에서 정의된 함수

$$f(x) = a(x^2 - 2x) - x + \ln x$$

이 극값을 갖지 않을 때, 실수 a의 값은? [3점]

① $\dfrac{1}{2}$　　② 1　　③ $\dfrac{3}{2}$　　④ 2　　⑤ $\dfrac{5}{2}$

26. $f(1) = 1$인 함수 $f(x)$에 대하여 $\dfrac{(x^8 + 3)f(x)}{4}$의 역함수를 $g(x)$라 하자. $f'(1) \times g'(1) = \dfrac{1}{2}$일 때, $f'(1)$의 값은? [3점]

① 1　　② 2　　③ 3　　④ 4　　⑤ 5

27. 실수 $t\left(0<t<\dfrac{\pi}{2}\right)$에 대하여 두 직선 $y=(\sin t)x$와 $y=(2\sin t)x$가 이루는 예각의 크기를 $f(t)$라 하자. $f'\left(\dfrac{\pi}{6}\right)$의 값은? [3점]

① $\dfrac{\sqrt{3}}{12}$　　② $\dfrac{\sqrt{3}}{11}$　　③ $\dfrac{\sqrt{3}}{10}$　　④ $\dfrac{\sqrt{3}}{9}$　　⑤ $\dfrac{\sqrt{3}}{8}$

28. 최솟값이 양수인 이차함수 $f(x)$와 함수

$$g(x)=\dfrac{5}{3}x-\dfrac{13}{6}-\ln f(x)$$

에 대하여 좌표평면 위의 곡선 $y=g(x)$의 두 변곡점을 각각 A, B라 할 때, 다음 조건을 만족시킨다. (단, 점 A의 x좌표는 점 B의 x좌표보다 작다.)

> (가) 점 A의 y좌표는 $-\dfrac{1}{2}$이다.
>
> (나) 곡선 $y=g(x)$와 점 A에서 접하는 직선을 l_1,
> 　　곡선 $y=g(x)$와 점 B에서 접하는 직선을 l_2라 하면
> 　　직선 l_1과 l_2는 직선 $y=x$에 대하여 대칭이다.

$f(2)$의 값은? [4점]

① $\dfrac{1}{3}$　　② $\dfrac{4}{9}$　　③ $\dfrac{5}{9}$　　④ $\dfrac{2}{3}$　　⑤ $\dfrac{7}{9}$

29. 실수 전체의 집합에서 연속인 함수 $f(x)$와 최고차항의 계수가 $\dfrac{1}{4}$인 이차함수 $g(x)$가 모든 실수 x에 대하여

$$\int_0^x f(t)e^t dt = g(x)$$

이고, 함수 $f(g(x))$는 극솟값을 <u>갖지 않는다.</u> $g(10)$의 값을 구하시오. [4점]

30. 첫째항이 양수인 수열 $\{a_n\}$이 모든 자연수 n에 대하여

$$a_{n+1} = \begin{cases} a_n - 2 & (a_n > 3) \\ -\dfrac{1}{2}a_n & (a_n \leq 3) \end{cases}$$

이다. 급수 $\displaystyle\sum_{n=1}^{\infty} a_n$ 가 수렴하고 그 값이 7보다 크고 24보다 작은 자연수일 때, a_1의 최댓값과 최솟값의 합은 $\dfrac{q}{p}$이다. $p+q$의 값을 구하시오. (단, p와 q는 서로소인 자연수이다.) [4점]

수학 영역(기하)

5지선다형

23. 좌표공간의 두 점 $A(4, a, -1)$과 $B(0, 4, b)$에 대하여
선분 AB의 중점의 좌표가 $(2, 1, 3)$일 때, $a+b$의 값은? [2점]

① 5　　　② 4　　　③ 3　　　④ 2　　　⑤ 1

24. 두 양수 a, b에 대하여 쌍곡선 $\dfrac{x^2}{a^2} - \dfrac{y^2}{b^2} = 1$의 한 점근선의

방정식이 $y = 2x$이다. 이 쌍곡선이 점 $P(\sqrt{3}, 2)$를 지날 때,
점 P에서의 접선의 기울기는? [3점]

① $2\sqrt{3}$　　② $4\sqrt{3}$　　③ $6\sqrt{3}$　　④ $8\sqrt{3}$　　⑤ $10\sqrt{3}$

25. 좌표평면 위의 한 점 A $(1, 1)$에 대하여

$$(\overrightarrow{OP} - \overrightarrow{OA}) \cdot (\overrightarrow{OP} - \overrightarrow{OA}) = 4$$

를 만족시키는 제 1사분면 위의 점 P가 나타내는 도형의 길이는? [3점]

① $\dfrac{4}{3}\pi$ ② $\dfrac{5}{3}\pi$ ③ 2π ④ $\dfrac{7}{3}\pi$ ⑤ $\dfrac{8}{3}\pi$

26. 평면 α 위의 서로 다른 두 점 A, B와 평면 α와의 거리가 2인 점 C에 대하여 삼각형 ABC는 정삼각형이다. 직선 AC가 평면 α와 이루는 예각의 크기는 $\dfrac{\pi}{6}$일 때, 삼각형 ABC의 평면 α 위로의 정사영의 넓이는? [3점]

① $2\sqrt{2}$ ② 4 ③ $4\sqrt{2}$ ④ 8 ⑤ $8\sqrt{2}$

27. 초점이 F인 포물선 $y^2=4(x-1)$ 위의 점 중 제 1사분면 위의 점 A를 중심으로 하는 원이 점 B(0, 4)와 점 F를 지난다. $\sin(\angle FAB)$의 값은? [3점]

① $\dfrac{8}{15}$　② $\dfrac{3}{5}$　③ $\dfrac{2}{3}$　④ $\dfrac{11}{15}$　⑤ $\dfrac{4}{5}$

28. 좌표평면 위의 직선 $2x-y-4=0$ 위를 움직이는 점 P와 원 $(x+k)^2+y^2=5$ 위를 움직이는 점 Q에 대하여

$$\overrightarrow{OX}=\overrightarrow{OP}+\overrightarrow{OQ}$$

을 만족시키는 모든 제 2사분면 위의 점 X가 나타내는 영역의 넓이는 65이다. 양수 k의 값은? (단, O는 원점이다.) [4점]

① $\dfrac{15}{2}$　② 8　③ $\dfrac{17}{2}$　④ 9　⑤ $\dfrac{19}{2}$

단답형

29. 두 양수 a, b에 대하여 두 초점이 각각 $F(4, 0)$, $F'(-4, 0)$인 쌍곡선 $\dfrac{x^2}{a^2} - \dfrac{y^2}{3a^2} = 1$ 위의 한 점 $P(a+1, b)$에서의 접선을 l이라 하고, 점 F를 지나고 l과 평행한 직선이 직선 $F'P$와 만나는 점을 Q라 하자. 점 Q를 지나고 직선 PF와 평행한 직선이 x축과 만나는 점을 R라 할 때, 사각형 $PQRF$의 둘레의 길이를 구하시오. [4점]

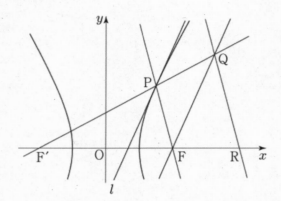

30. 좌표공간에 정사면체 ABCD가 있다. 선분 AB 위의 한 점 P, 선분 AC 위의 한 점 Q, 선분 AD 위의 한 점 R에 대하여, 세 점 P, Q, R와 평면 BCD 사이의 거리는 각각 1, 2, 2이다. 평면 PQR와 평면 BCD가 이루는 예각의 크기를 θ_1이라 하고, 평면 CDP와 평면 BCD가 이루는 예각의 크기를 θ_2라 할 때,

$$\tan\theta_1 - \tan\theta_2 = \frac{\sqrt{2}}{6}$$

이다. 정사면체의 한 모서리의 길이는 $\dfrac{q}{p}\sqrt{6}$ 일 때, $p+q$의 값을 구하시오. (단, p와 q는 서로소인 자연수이다.) [4점]

* 확인 사항
○ 답안지의 해당란에 필요한 내용을 정확히 기입(표기)했는지 확인하시오.

모킹버드 수학 모의고사 정답 및 해설

모킹버드

mockingbird.co.kr

기출부터 자작 실모까지
All in One 문제은행

모킹버드의 오리지널 컨텐츠를 더 풀고 싶나요?

모킹버드 온라인 문제은행을 이용해보세요! 기출은 무제한 무료 이용 가능하고, 다양한 오리지널 컨텐츠도 저렴하게 이용가능합니다.

모킹버드에서 클릭 1번으로 요즘 트렌드나 난이도에 적합한 모의고사를 만나볼 수 있습니다.

모킹버드 AI는 실제 수능 성적표와 대조를 마친 500명의 2~3등급 N수생들, 20만건 이상의 유효 채점 데이터를 학습하였습니다. AI 문항 추천 알고리즘 기술의 도움을 받아 학습 효율을 극대화해보세요.

질문카페

cafe.naver.com/spreadeffect

모킹버드 및 기출의 파급효과
질문카페

기출의 파급효과 시리즈는 기출 분석서입니다. 기출의 파급효과 시리즈는 국어, 수학, 영어, 물리학1, 화학1, 생명과학1, 지구과학1, 사회·문화가 출시되었습니다.

기출의 파급효과에서는 준킬러 이상 기출에서 얻어갈 수 있는 '꼭 필요한 도구와 태도'를 정리합니다. '꼭 필요한 도구와 태도' 체화를 위해 관련도가 높은 준킬러 이상 기출을 바로바로 보여주며 체화 속도를 높입니다. 단시간 내에 점수를 극대화할 수 있도록 교재가 설계되었습니다.

학습하시다 질문이 생기신다면 '파급의 기출효과' 카페에서 질문을 할 수 있습니다. 교재 인증을 하시면 질문 게시판을 이용하실 수 있습니다.

2　1회 정답 및 해설

1	2	3	4	5
⑤	③	③	①	②
6	7	8	9	10
③	⑤	④	③	④
11	12	13	14	15
②	⑤	③	④	②
16	17	18	19	20
22	42	54	24	12
21	22			
137	29			

선택과목-확률과 통계

23	24	25	26	27
⑤	③	②	④	②
28	29	30		
②	10	810		

선택과목-미적분

23	24	25	26	27
⑤	③	②	④	⑤
28	29	30		
①	13	27		

선택과목-기하

23	24	25	26	27
②	③	④	④	②
28	29	30		
③	30	13		

예상 등급컷:

	미적분	기하	확통
1등급	84	84	88
2등급	76	76	80

공통 해설

1. $\left(\dfrac{9}{3^{\sqrt{2}}}\right)^{1+\sqrt{2}} = \left(3^{2-\sqrt{2}}\right)^{1+\sqrt{2}} = 3^{\sqrt{2}}$

2. $f'(x) = 6x^2 + 2 \Rightarrow f'(1) = 6 + 2 = 8$

3. $\dfrac{1}{\tan\theta+1} - \dfrac{1}{\tan\theta-1} = \dfrac{2}{1-\tan^2\theta}$ 이므로

$\dfrac{2}{1-\tan^2\theta} = 4 \Rightarrow \tan\theta = \dfrac{\sqrt{2}}{2}$

4. 함수 $f(x)$가 실수 전체의 집합에서 연속이므로
   $x=2$ 에서 연속임을 보이자.
   $\displaystyle\lim_{x\to 2^-} f(x) = f(2) = 4-a$, $\displaystyle\lim_{x\to 2^+} f(x) = 2a+1$ 에서
   연속의 정의에 의해 $4-a = 2a+1 \Rightarrow a=1$

5. 곱의 미분법에 의해 함수 $g(x)$의 도함수를 구하면
   $g'(x) = 2xf(x) + (x^2+3)f'(x)$ 이므로
   $g'(2) = (4\times 1) + (7\times 3) = 25$

6. 함수 $f(x)$의 주기는 $2a$ 이므로
   $2a = 8 \Rightarrow a = 4$
   함수 $f(x)$의 최댓값은 $2+4=6$

7. 로그의 정의에 의해 $a+3b = 8$, $ab = 2$ 이므로
   $(a+3b)^2 = a^2 + 9b^2 + 6ab$
   $64 = a^2 + 9b^2 + 12$
   $a^2 + 9b^2 = 52$

8. $a=0$이면 함수 $f(x)$가 극솟값을 가지지 않으므로 $a \neq 0$이다.

$f'(x)=3ax^2-6x+8$이고 함수 $f(x)$가 $x=4$에서 극솟값 5를 가지므로 $f(4)=5$, $f'(4)=0$이다.

따라서 $a=\dfrac{1}{3}$, $b=-\dfrac{1}{3}$이므로

함수 $f(x)$의 극댓값은 $\dfrac{19}{3}$

9. 양변을 적분하면 $x\displaystyle\int_a^x f(t)dt = \dfrac{1}{4}x^4 - x^3$이므로

$a=4$, $f(x)=\dfrac{3}{4}x^2-2x \Rightarrow a+f(a)=8$이다.

10. 등차중항의 성질에 의해

$S_5 - S_2 = a_3 + a_4 + a_5 = 3a_4 = 18 \Rightarrow a_4 = 6$

$S_{10} = \dfrac{10}{2}(a_1 + a_{10}) < 0$

$2a_1 + 9d = 2a_4 + 3d < 0 \Rightarrow d < -4$

$a_1 = a_4 - 3d = 6 - 3d > 18$

따라서 자연수 a_1의 최솟값은 19

11. 정수 m에 대하여 함수 $y=\tan \pi x$의 그래프와 함수 $y=k\cos \pi x$의 그래프는 모두

점 $\left(\dfrac{2m-1}{2}, 0\right)$에 대하여 대하여 대칭이다. … ㉠

x에 대한 방정식 $\tan \pi x = k\cos \pi x$는

열린구간 $\left(0, \dfrac{1}{2}\right)$, 열린구간 $\left(\dfrac{1}{2}, 1\right)$에서 각각 실근

α_1, α_2를 갖고, ㉠에 의하여

$\dfrac{\alpha_1 + \alpha_2}{2} = \dfrac{1}{2} \Rightarrow \alpha_1 + \alpha_2 = 1$

함수 $y=\tan \pi x$의 주기는 1이고,

함수 $y=k\cos \pi x$의 주기는 2이다.

x에 대한 방정식 $\tan \pi x = k\cos \pi x$는

열린구간 $\left(2, \dfrac{5}{2}\right)$에서 실근 α_3을 가지므로

$\alpha_1 + 2 = \alpha_3$

α_1, α_2, α_3이 이 순서대로 등비수열을 이루므로

$\alpha_2^2 = \alpha_1 \alpha_3 \Rightarrow (1-\alpha_1)^2 = \alpha_1(\alpha_1 + 2)$

$\quad\quad\quad \Rightarrow \alpha_1 = \dfrac{1}{4}$, $\alpha_2 = \dfrac{3}{4}$, $\alpha_3 = \dfrac{9}{4}$

$\tan \dfrac{\pi}{4} = k\cos \dfrac{\pi}{4} \Rightarrow k = \sqrt{2}$

x에 대한 방정식 $\tan \pi x = k\cos \pi x$는

열린구간 $\left(6, \dfrac{13}{2}\right)$에서 실근 α_7을 가지므로

$\alpha_1 + 6 = \alpha_7 \Rightarrow \alpha_7 = \dfrac{25}{4}$

따라서 $k^2 + \alpha_7 = \dfrac{33}{4}$

12. 두 점 P, Q가 만나는 시각을 $t=s$ $(s>0)$이라 하면, 시각 $t=s$에서 두 점 P, Q의 위치가 같으므로

$a + \displaystyle\int_0^s (2t-4)dt = 2 + \int_0^s t\,dt$

$\Rightarrow a + \left[t^2 - 4t\right]_0^s = 2 + \left[\dfrac{t^2}{2}\right]_0^s$

$\Rightarrow a = -\dfrac{s^2}{2} + 4s + 2 \cdots$ ㉠

시각 $t=0$에서 $t=s$까지 점 P가 움직인 거리를 d_1이라 하면

$d_1 = \begin{cases} \displaystyle\int_0^s |2t-4|\,dt & (0 < s \leq 2) \\[3mm] \displaystyle\int_0^2 |2t-4|\,dt + \int_2^s |2t-4|\,dt & (s > 2) \end{cases}$

시각 $t=0$에서 $t=s$까지 점 Q가 움직인 거리를 d_2라 하면

$d_2 = \displaystyle\int_0^s |t|\,dt$

$s \leq 2$일 때,

$d_1 + d_2 = \displaystyle\int_0^s (4-2t)dt + \int_0^s t\,dt$

$\quad\quad\quad \leq \displaystyle\int_0^2 (4-2t)dt + \int_0^2 t\,dt$

$\quad\quad\quad = \left[4t - t^2\right]_0^2 + \left[\dfrac{t^2}{2}\right]_0^2$

$\quad\quad\quad = 6$

이므로 $d_1 + d_2 \neq 38 \Rightarrow s > 2$

$s > 2$일 때,

$d_1 + d_2 = \displaystyle\int_0^2 (4-2t)dt + \int_2^s (2t-4)dt + \int_0^s t\,dt$

$\quad\quad\quad = 4 + \left[t^2 - 4t\right]_2^s + \left[\dfrac{t^2}{2}\right]_0^s$

$\quad\quad\quad = \dfrac{3}{2}s^2 - 4s + 8$

$\quad\quad\quad = 38$

$(s-6)\left(\dfrac{3}{2}s + 5\right) = 0 \Rightarrow s = 6$

이를 ㉠에 대입하면 $a=8$

13. $\lim\limits_{x \to 0} x^4 = 0$ 이므로 $\lim\limits_{x \to 0} f(x)\{k - f(x-k)\} = 0$

$\lim\limits_{x \to 0} f(x) = 0 \Rightarrow f(0) = 0$

또는

$\lim\limits_{x \to 0}\{k - f(x-k)\} = 0 \Rightarrow f(-k) = k$

이다. ⋯ ㉠

$k = 0$ 이면 $\lim\limits_{x \to 0} \dfrac{f(x)\{-f(x)\}}{x^4} = 1$

$\lim\limits_{x \to 0} \dfrac{f(x)}{x^2}$ 의 값이 존재하도록 하는 모든 삼차함수

$f(x)$ 에 대하여

$-\lim\limits_{x \to 0} \left\{ \dfrac{f(x)}{x^2} \right\}^2 \le 0 \ne 1 \Rightarrow k \ne 0$

삼차함수 $f(x)$ 의 극댓값이 존재하므로 극솟값도
존재하고, 2 이하의 음이 아닌 정수 m 에 대하여
$f(x) = x^m f_1(x)$ (단, $f_1(0) \ne 0$)라 할 수 있다.
$m = 0$ 이면 $f(0) \ne 0$ 이므로 ㉠에 의해 $f(-k) = k$
따라서 2 이하의 자연수 n 에 대하여
$k - f(x-k) = x^n g_1(x)$ (단, $g_1(0) \ne 0$)이라 할 수
있다. 그런데 이때

$\lim\limits_{x \to 0} \dfrac{f(x)\{k - f(x-k)\}}{x^4} = \lim\limits_{x \to 0} \dfrac{x^n f_1(x) g_1(x)}{x^4}$

의 값은 존재하지 않으므로 m 은 자연수이다.
$m = 1$ 이면 $f(x) = x f_2(x)$ (단, $f_2(0) \ne 0$)
삼차함수 $f(x)$ 의 최고차항의 계수를 p 라 하자.
주어진 극한값이 존재하기 위해서는
$k - f(x-k) = -px^3$ 이 되어야 하는데,
이 경우 함수 $f(x-k)$ 는 극값을 갖지 않으므로
함수 $f(x)$ 도 극값을 갖지 않는다.
따라서 $m = 2$ 이고, $f(x) = x^2(px+q)$ $(q \ne 0)$
주어진 극한값이 1로 수렴하기 위해서는
$k - f(x-k) = x^2(-px + r)$ 이 되어야 한다. ⋯ ㉡
삼차함수 $f(x)$ 의 극댓값이 양수이므로
함수 $f(x)$ 의 그래프의 개형은 다음 그림과 같다.

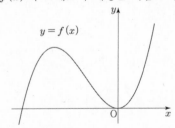

$y = f(x)$

㉡에 의해 곡선 $y = f(x-k)$ 와 직선 $y = k$ 가
점 $(0, k)$ 에서 접하므로, 곡선 $y = f(x)$ 와
직선 $y = k$ 도 접한다.
따라서 삼차함수 $f(x)$ 의 극댓값은 k 이고,
두 곡선 $y = f(x)$, $y = f(x-k)$ 의 위치 관계는
다음 그림과 같다.

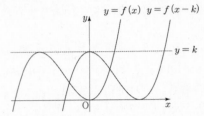

$y = f(x)$ $y = f(x-k)$
$y = k$

함수 $f(x)$ 는 $x = -k$ 에서 극댓값 k 를 가지므로

$f'(-k) = 0 \Rightarrow 3pk^2 - 2qk = 0$

$\Rightarrow 3pk = 2q$ ⋯ ㉢

$f(-k) = k \Rightarrow -pk^3 + qk^2 - k = 0$

$\Rightarrow -pk^2 + qk = 1$ ⋯ ㉣

방정식 $f(x-k) = 0$ 의 모든 근이

$-\dfrac{q}{p} + k$, k, k 이므로

삼차방정식의 근과 계수의 관계에 의해

$-\dfrac{q}{p} + 3k = \dfrac{r}{p} \Rightarrow r = 3kp - q$

$\lim\limits_{x \to 0} \dfrac{x^4(px+q)(-px+r)}{x^4} = \lim\limits_{x \to 0}(px+q)(-px+r)$

$= qr$

$= 3kpq - q^2$

$= 1$ ⋯ ㉤

㉢, ㉣, ㉤에 의해

$q = 1$, $k = 3$, $p = \dfrac{2}{9}$ 이므로

$f(x) = x^2\left(\dfrac{2}{9}x + 1\right) \Rightarrow f(2) = \dfrac{52}{9}$

14. 선분 AD가 원 C_2의 지름이므로 $\angle$AFD $= \dfrac{\pi}{2}$

$\overline{AF} = \overline{CF}$ 이므로 삼각형 ACD는 $\overline{AD} = \overline{CD}$ 인
이등변삼각형이다.
$\angle$BAC $= \theta$ 라 하자.
삼각형 ABC의 외접원의 반지름의 길이와
삼각형 AEF의 외접원의 반지름의 길이의 비가
$5 : 3$이므로 삼각형 ABC와 삼각형 AEF에서
사인법칙에 의해

$5 : 3 = \dfrac{\overline{BC}}{2\sin\theta} : \dfrac{\overline{EF}}{2\sin\theta} \Rightarrow \overline{BC} : \overline{EF} = 5 : 3$

$\overline{BC} = 5x$, $\overline{EF} = 3x$ $(x > 0)$이라 하자.
삼각형 ABC와 삼각형 ACD에서 사인법칙에 의해

$\dfrac{5x}{\sin\theta} = \dfrac{\overline{CD}}{\sin\theta} \Rightarrow \overline{CD} = 5x$

삼각형 AEF와 삼각형 AFD에서 사인법칙에 의해

$\dfrac{3x}{\sin\theta} = \dfrac{\overline{DF}}{\sin\theta} \Rightarrow \overline{DF} = 3x$

따라서 $\overline{AF} = \overline{CF} = 4x$ 이다.

삼각형 AEF에서 코사인법칙에 의해

$\overline{EF}^2 = \overline{AE}^2 + \overline{AF}^2 - 2 \times \overline{AE} \times \overline{AF} \times \cos\theta$

$\Rightarrow 9x^2 = \overline{AE}^2 + 16x^2 - \dfrac{32x}{5} \times \overline{AE}$

$\Rightarrow (5\overline{AE} - 7x)(\overline{AE} - 5x) = 0$

$\Rightarrow \overline{AE} = \dfrac{7}{5}x$

삼각형 ABC에서 코사인법칙에 의해

$\overline{BC}^2 = \overline{AB}^2 + \overline{AC}^2 - 2 \times \overline{AB} \times \overline{AC} \times \cos\theta$

$\Rightarrow 25x^2 = \overline{AB}^2 + 64x^2 - \dfrac{64x}{5} \times \overline{AB}$

$\Rightarrow (5\overline{AB} - 39x)(\overline{AB} - 5x) = 0$

$\Rightarrow \overline{AB} = \dfrac{39}{5}x$

($\because \overline{AB} = 5x$이면 삼각형 ABC와 ADC가
합동이 되므로 모순)

$16 = \dfrac{39}{5}x - \dfrac{7}{5}x \Rightarrow x = \dfrac{5}{2}$

$\angle ADF = \pi - \angle AEF = \angle BEF$이므로

$\sin(\angle ADF) = \sin(\angle BEF) = \dfrac{4}{5}$

따라서 삼각형 BEF의 넓이는

$\dfrac{1}{2} \times 16 \times \dfrac{15}{2} \times \dfrac{4}{5} = 48$

15. 주어진 부등식이 모든 실수 x에 대하여
성립할 수 없으므로 $k \geq 0$이다.
$k = 0$이면 주어진 부등식의 해가 $x \neq 0$인 모든
실수이다. 이때, $f(x) = 0$은 적어도 하나의 실근을
가지므로, $f(0) = 0$이어야 하나 $f(0) \neq 20$이므로
주어진 조건을 만족시키지 않는다.
따라서 $k > 0$이다.
주어진 부등식의 해가 $x < -k$ 또는 $x > k$이므로
구간 $(-\infty, -k)$에서 $f'(x)f(x) < 0$,
구간 $[-k, 0)$에서 $f'(x)f(x) \geq 0$,
구간 $(0, k]$에서 $f'(x)f(x) \leq 0$,
구간 (k, ∞)에서 $f'(x)f(x) > 0$이다.
함수 $f'(x)f(x)$는 실수 전체의 집합에서 연속인
함수이므로, 사잇값의 정리에 의해
방정식 $f'(x)f(x) = 0$은 $-k$, 0, k를 반드시
실근으로 갖는다. … ㉠
$f(0) = 20$에서 $f'(0) = 0$
방정식 $f'(x) = 0$이 0을 중근으로 가지면,
$f'(x) = 3x^2 \Rightarrow f(x) = x^3 + 20 \Rightarrow -k = (-20)^{\frac{1}{3}}$
이때 ㉠을 만족시키지 않는다.
따라서 방정식 $f'(x) = 0$은 0을 단일근으로 갖고,
$f'(x) = 3x(x - a)$, $a = -k$ 또는 $a = k$
$a = -k \Rightarrow f'(x) = 3x(x + k)$

$\Rightarrow f(x) = x^3 + \dfrac{3k}{2}x^2 + 20$

함수 $f(x)$는 열린구간 $(-\infty, -k)$, $(0, \infty)$에서
증가하고 열린구간 $(-k, 0)$에서 감소한다.
따라서 방정식 $f(x) = 0$이 실근 k를 가질 수
없으므로 ㉠을 만족시키지 않는다.
$a = k \Rightarrow f'(x) = 3x(x - k)$

$\Rightarrow f(x) = x^3 - \dfrac{3k}{2}x^2 + 20$

함수 $f(x)$는 열린구간 $(-\infty, 0)$, (k, ∞)에서
증가하고 열린구간 $(0, k)$에서 감소한다.
방정식 $f(x) = 0$이 실근 $-k$를 가지므로
$f(-k) = 0 \Rightarrow k = 2$

$\Rightarrow f(x) = x^3 - 3x^2 + 20$

$f(2) > 0$이므로 ㉠을 만족시킨다.
따라서 주어진 조건을 만족시키는 상수 k의 값은
2이고, $f(x) = x^3 - 3x^2 + 20$이므로
$k + f(5) = 2 + 70 = 72$

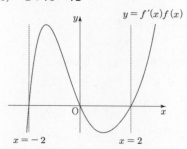

16. $f'(x) = 3x^2 - 3 = 3(x + 1)(x - 1)$
함수 $f(x)$는 $x = -1$에서 극대이므로 $f(-1) = 22$

17. 등차중항의 성질에 의해

$\displaystyle\sum_{k=1}^{3} a_k = 6 \Rightarrow 3a_2 = 6 \Rightarrow a_2 = 2$

$\displaystyle\sum_{k=1}^{5}(a_k + k) = 50 \Rightarrow 5a_3 + 15 = 50 \Rightarrow a_3 = 7$

등차수열 $\{a_n\}$의 공차를 d라 하면

$a_3 - a_2 = d = 5 \Rightarrow a_{10} = a_2 + 8 \times d = 42$

18. $\displaystyle\lim_{x \to 0} x = 0$이므로

$\displaystyle\lim_{x \to 0}\{f(x) - 4\} = 0 \Rightarrow f(0) = 4$ … ㉠

$\displaystyle\lim_{x \to 0} \dfrac{f(x) - f(0)}{x - 0} = f'(0) = 0$ … ㉡

$\displaystyle\lim_{x \to 2}(x - 2) = 0$이므로

$\displaystyle\lim_{x \to 2} f(x) = 0 \Rightarrow f(2) = 0$

$$\lim_{x \to 2} \frac{f(x)-f(2)}{x-2} = f'(2) = 0$$

따라서 $f(x) = (x-2)^2(ax+b)$ 라 할 수 있다.

㉠에 의해 $b=1$, ㉡에 의해 $4a-4b=0 \Rightarrow a=b$

$f(x) = (x-2)^2(x+1) \Rightarrow f(5) = 54$

19. n이 홀수일 때, n의 값에 관계없이
$(n-5)(n-11)$의 n제곱근 중 실수인 것이
존재한다.

n이 짝수일 때, $(n-5)(n-11) < 0$이면
$(n-5)(n-11)$의 n제곱근 중 실수인 것이
존재하지 않고, $(n-5)(n-11) \geq 0$이면
$(n-5)(n-11)$의 n제곱근 중 실수인 것이
존재한다.

따라서 주어진 조건을 만족시키는 모든 2 이상의
자연수 n의 값은 6, 8, 10이고, 그 합은 24

20. 함수 $f(x)$의 정의역은 $\{x \,|\, x > 0\}$이므로
x_1, x_2, x_3은 모두 양수이므로
조건 (가)에 의해 양수 a에 대하여
$x_1 = a, x_2 = 4a, x_3 = 32a$라 할 수 있다.

함수 $f(x)$는 열린구간 $\left(0, \dfrac{1}{k}\right), \left(\dfrac{1}{k}, \infty\right)$에서
각각 일대일대응이므로 $f(x_1) = f(x_2)$에서
$0 < a < \dfrac{1}{k}, \ 4a > \dfrac{1}{k}$이 성립한다.

$$f(x_1) = f(x_2) \Rightarrow |\log_2(ak)| = |\log_2(4ak)|$$
$$\Rightarrow -\log_2(ak) = \log_2(4ak)$$
$$\Rightarrow 0 = \log_2\{4(ak)^2\}$$
$$\Rightarrow ak = \frac{1}{2}$$

두 점 A, B의 x좌표의 차는 $3a$이고,
두 점 A, B의 y좌표는 모두 1이다.
점 C의 y좌표는 $|\log_2(32ak)| = 4$이므로
삼각형 ABC의 넓이는 $\dfrac{1}{2} \times 3a \times (4-1) = \dfrac{9}{2}a$

$$\frac{9}{2}a = \frac{3}{16} \Rightarrow a = \frac{1}{24} \Rightarrow k = 12$$

21. 함수 $f(x)$의 최고차항의 계수가 음수이면
함수 $f(x)$는 최댓값 M을 가지므로
$a \geq M$인 모든 실수 a에 대하여 $g(a) = 0$이다.
따라서 주어진 부등식을 만족시키는 a의 범위 중
$a > 2$가 존재하도록 하는 함수 $f(x)$는 존재하지
않는다.
함수 $f(x)$의 최고차항의 계수가 양수이면
함수 $f(x)$는 최솟값 m을 가지므로

$a \leq m$인 모든 실수 a에 대하여 $g(a) = 0$이다.
함수 $f(x)$의 극댓값이 존재하면 함수 $g(t)$의
치역은 $\{0, 2, 4\}$이므로
주어진 부등식을 만족시킬 때의 $g(a)$와
$g(f(1)), g(f(2))$로 가능한 값을 조사한 것은
다음 표와 같다.

$g(a)$	$g(f(1))$	$g(f(2))$
2	0	0
4	0	0
	2	0
	0	2

(1) $g(f(1)) = g(f(2)) = 0$인 경우
함수 $f(x)$는 $x=1$, $x=2$에서 동일한
최솟값을 가지므로 $f'(1) = f'(2) = 0$이다.
따라서 주어진 조건을 만족시키지 않는다.

(2) $g(f(1)) = 2$, $g(f(2)) = 0$인 경우
함수 $f(x)$는 $x=2$에서만 최솟값을 갖는다.
함수 $f(x)$의 극솟값과 극댓값을 각각
α, β라 하면
$g(a) = 4$를 만족시키는 실수 a의 값의 범위는
$\alpha < a < \beta$이므로 주어진 조건을 만족시키는
함수 $f(x)$는 존재하지 않는다.

(3) $g(f(1)) = 0$, $g(f(2)) = 2$인 경우
(2)에서와 동일한 방법으로 주어진 조건을
만족시키는 함수 $f(x)$가 존재하지 않음을
알 수 있다.

따라서 함수 $f(x)$의 극댓값이 존재하지 않으므로
함수 $g(t)$의 치역은 $\{0, 2\}$ 또는 $\{0, 1, 2\}$이다.
함수 $g(t)$의 치역이 $\{0, 2\}$이면
주어진 부등식을 만족시키기 위해 $g(a) = 2$이고
$g(f(1)) = g(f(2)) = 0$이어야 한다.
따라서 함수 $f(x)$는 $x=1$, $x=2$에서 최소이어야
하는데 이때 함수 $f(x)$가 최소인 x의 개수는
1이므로 함수 $f(x)$는 존재하지 않는다. $\cdots$ ㉠
함수 $g(t)$의 치역이 $\{0, 1, 2\}$이면
주어진 부등식을 만족시킬 때의 $g(a)$와
$g(f(1)), g(f(2))$로 가능한 값을 조사한 것은
다음 표와 같다.

$g(a)$	$g(f(1))$	$g(f(2))$
1	0	0
2	0	0
	1	0
	0	1

(4) $g(f(1)) = g(f(2)) = 0$인 경우
㉠과 동일한 이유로 주어진 조건을 만족시키는

함수 $f(x)$ 는 존재하지 않음을 알 수 있다.

(5) $g(f(1)) = 1$, $g(f(2)) = 0$ 인 경우

함수 $f(x)$ 는 $x = 2$ 에서만 최솟값을 가지므로

$f(x) = p_1(x - p_2)(x - 1)^3 + f(1)$ 또는

$f(x) = p_3(x - 1)(x - p_4)^3 + f(1)$ 이다.

(단, $p_1 > 0$, $p_2 > 2$, $p_3 > 0$, $p_4 > 2$)

그런데 두 경우 모두 $f'(1) + f'(2) \leq 0$ 이므로

주어진 조건을 만족시키는 함수 $f(x)$ 는

존재하지 않는다.

(6) $g(f(1)) = 0$, $g(f(2)) = 1$ 인 경우

함수 $f(x)$ 는 $x = 1$ 에서만 최솟값을 가지므로

$f(x) = q_1(x - q_2)(x - 2)^3 + f(2)$ 또는

$f(x) = q_3(x - 2)(x - q_4)^3 + f(2)$ 이다.

(단, $q_1 > 0$, $q_2 < 1$, $q_3 > 0$, $q_4 < 1$)

$f(x) = q_1(x - q_2)(x - 2)^3 + f(2)$ 이면

$f'(1) + f'(2) = 0$ 이고,

$f(x) = q_3(x - 2)(x - q_4)^3 + f(2)$ 이면

$f'(1) + f'(2) > 0$ 이다.

따라서 $f(x) = q_3(x - 2)(x - q_4)^3 + f(2)$ 이고,

$g(a) = 2$ 를 만족시키는 실수 a 의 값의 범위는

$f(1) < a < f(2)$, $a > f(2)$ 이므로

$f(1) = 1$, $f(2) = 2$ 이다.

$f(1) = 1 \Rightarrow f(x) = \dfrac{1}{(1 - q_4)^3}(x - 2)(x - q_4)^3 + 2$

$f'(1) = 0 \Rightarrow f(x) = \dfrac{1}{27}(x - 2)(x + 2)^3 + 2$

따라서 $f(7) = 137$

22. $a_3 > 10$ 이면

$a_4 = a_3 - a_3 + 2 \Rightarrow a_5 = 4 \neq 10$

$\Rightarrow a_3 \leq 10$

$\Rightarrow a_4 = 2a_3$

$a_5 = 4a_3 = 10\,(a_3 \leq 5) \Rightarrow a_3 = \dfrac{5}{2}$

$a_3 = \dfrac{5}{2}$ 일 때, a_2, a_1 로 가능한 값은 각각

$\dfrac{5}{4}$, $\dfrac{5}{8}$ 뿐이다.

$a_5 = a_4 - a_3 + 2 = 10\,(5 < a_3 \leq 10) \Rightarrow a_3 = 8$

$a_3 = 8$ 일 때, a_2, a_1 로 가능한 값을 표로 나타낸

것은 다음과 같다.

a_1	a_2
2	4
7	14
20	

따라서 구하는 모든 a_1 의 값의 합은 29

확통 해설

23. $\mathrm{V}(X) = 48 \times \dfrac{1}{4} \times \dfrac{3}{4} = 9$, $\mathrm{V}(X - 4) = \mathrm{V}(X) = 9$

24. $(a + b)^2 - 13(a + b) + 36 = 0$ 에서

$(a + b - 4)(a + b - 9) = 0$ 이다.

한 개의 주사위를 두 번 던져 나온 눈의 수를

차례로 a, b 라 하면

$a + b = 4$ 인 모든 순서쌍 (a, b) 는

$(1, 3)$, $(3, 1)$, $(2, 2)$ 이므로

$a + b = 4$ 일 확률은 $\dfrac{3}{{}_6C_1 \times {}_6C_1} = \dfrac{1}{12}$ 이다.

$a + b = 9$ 인 모든 순서쌍 (a, b) 는

$(4, 5)$, $(5, 4)$, $(3, 6)$, $(6, 3)$ 이므로

$a + b = 9$ 일 확률은 $\dfrac{4}{{}_6C_1 \times {}_6C_1} = \dfrac{1}{9}$ 이다.

따라서 구하는 확률은 $\dfrac{1}{12} + \dfrac{1}{9} = \dfrac{7}{36}$

25. 다항식 $(x - a)^6$ 의 전개식의 일반항은

${}_6C_r x^r (-a)^{6-r}$ (단, r 은 $0 \leq r \leq 6$ 인 정수)이므로

다항식 $(x - a)^6$ 의 전개식에서 x^3 의 계수는

${}_6C_3(-a)^{6-3} = -20a^3$

다항식 $(x + a)^4$ 의 전개식의 일반항은

${}_4C_s x^s a^{4-s}$ (단, s 는 $0 \leq s \leq 4$ 인 정수)이므로

다항식 $(x + a)^4$ 의 전개식에서 x^3 의 계수는

${}_4C_3 a^{4-3} = 4a$

$-\dfrac{1}{2} = -20a^3 + 4a \Rightarrow \left(a - \dfrac{1}{2}\right)(20a^2 + 10a + 1) = 0$

따라서 주어진 조건을 만족시키는 양수 a 의 값은

$\dfrac{1}{2}$

26. 전체의 경우에서 abc 가 홀수인 경우를 제외하면 된다.

전체 경우의 수는 ${}_3H_{18} = 190$ 이다.

abc가 홀수이려면 세 자연수 a, b, c 모두
홀수이어야 하므로
음이 아닌 세 정수 a', b', c'에 대하여
$a=2a'+1$, $b=2b'+1$, $c=2c'+1$ 이라 하면
$a+b+c=(2a'+1)+(2b'+1)+(2c'+1)=21$
$a'+b'+c'=9$

따라서 $a+b+c=21$을 만족시키는 홀수인
세 자연수 a, b, c의 순서쌍 (a,b,c)의 개수는
$_3H_9=55$ 이므로 주어진 조건을 만족시키는
세 자연수 a, b, c의 모든 순서쌍 (a,b,c)의
개수는 $190-55=135$

27. $a=\overline{x_1}-1.96\times\dfrac{\sigma}{5}$, $b=\overline{x_1}+1.96\times\dfrac{\sigma}{5}$ 이고,

$c=\overline{x_2}-2.58\times\dfrac{\sigma}{\sqrt{n}}$, $d=\overline{x_2}+2.58\times\dfrac{\sigma}{\sqrt{n}}$ 이다.

$b-a=3.92\times\dfrac{\sigma}{5}=7.84 \Rightarrow \sigma=10$

이고,

$d-c=5.16\times\dfrac{\sigma}{\sqrt{n}}=8.6 \Rightarrow \sqrt{n}=6 \Rightarrow n=36$

이다.
따라서 $n+\sigma=46$

28. 한 개의 동전을 한 번 던지는 시행을 9번
반복할 때,

직선 OA_9의 기울기가 $\dfrac{1}{4}$ 인 사건을 X,

점 A_1, A_2, $\cdots$, A_9 중에서 직선 $x+y=5$ 위의
점이 존재하는 사건을 Y라 하자.
한 개의 동전을 한 번 던지는 시행을 9번
반복한 후 앞면이 나온 횟수를 $m(0\le m\le9)$라
하면 뒷면이 나온 횟수는 $9-m$ 이므로
$A_9(2m, 9-m)$이다.

$\dfrac{1}{4}=\dfrac{9-m}{2m} \Rightarrow m=6 \Rightarrow A_9(12, 3)$

이므로

$P(X)=_9C_6\left(\dfrac{1}{2}\right)^6\left(\dfrac{1}{2}\right)^3=\dfrac{84}{2^9}$

점 A_1, A_2, $\cdots$, A_8의
x좌표는 0 또는 12 이하의 짝수인 자연수이고,
y좌표는 3 이하의 음이 아닌 정수이므로
직선 $x+y=5$ 위의 점 중 두 점 $(2,3)$, $(4,1)$이
점 A_1, A_2, $\cdots$, A_8이 될 수 있다.
$2=0+2\times1$, $3=0+1\times3$ 이므로
4번째 시행이 끝난 후 점 A_4의 위치가

$(2,3)$이거나
$4=0+2\times2$, $1=0+1\times1$ 이므로
3번째 시행이 끝난 후 점 A_3의 위치가
$(4,1)$이다.
4번째 시행이 끝난 후 점 A_4의 위치가
$(2,3)$일 확률은

$_4C_1\left(\dfrac{1}{2}\right)\left(\dfrac{1}{2}\right)^3\times_5C_5\left(\dfrac{1}{2}\right)^5\left(\dfrac{1}{2}\right)^0=\dfrac{4}{2^9}$ 이고,

3번째 시행이 끝난 후 점 A_3의 위치가
$(4,1)$일 확률은

$_3C_2\left(\dfrac{1}{2}\right)^2\left(\dfrac{1}{2}\right)\times_6C_4\left(\dfrac{1}{2}\right)^4\left(\dfrac{1}{2}\right)^2=\dfrac{45}{2^9}$ 이므로

$P(X\cap Y)=\dfrac{4+45}{2^9}=\dfrac{49}{2^9}$

따라서 구하는 확률은

$P(Y|X)=\dfrac{P(X\cap Y)}{P(X)}$

$\qquad =\dfrac{7}{12}$

29. 주사위에 적힌 숫자 0의 개수를 r라 할 때,

$p+q+r=12$ 이고, $P(X=0)=\dfrac{5}{9}$ 로부터 주사위를

두 번 굴려서 0이 나오지 않을 확률이 $\dfrac{4}{9}$ 임을 알 수

있다.
이로부터, 주사위를 한 번 굴려 0이 나오지 않을

확률은 $\dfrac{12-r}{12}=\dfrac{2}{3}$ 이므로, $r=4$ 이고 $p+q=8$ 이다.

이산확률변수 X가 가지는 값 중 0이 아닌 것은
1, 2, 4 이고,

$P(X=1)=\left(\dfrac{p}{12}\right)^2$,

$P(X=2)=2\times\dfrac{p}{12}\times\dfrac{q}{12}$,

$P(X=4)=\left(\dfrac{q}{12}\right)^2$

이므로
$E(X)=P(X=1)+2P(X=2)+4P(X=4)$

$\qquad =\dfrac{p^2+4pq+4q^2}{144}$

$\qquad =\dfrac{(p+2q)^2}{144}$

$\qquad =\dfrac{49}{36}$

에서
$(p+2q)^2=196 \Rightarrow p+2q=14$
이로부터 $p=2$, $q=6$ 이므로
구하는 값은 10

30. 학생 A, B, C, D가 받는 사인펜의 수를
각각 p, q, r, s 라 하고,
학생 A, B, C, D가 받는 볼펜의 수를
각각 p', q', r', s' 이라 하면
$p+q+r+s=12$, $p'+q'+r'+s'=6$ 이고,
조건 (가)에 의해 p, q, r, s, p', q', r', s' 은
모두 자연수이다.
조건 (나)에 의해 받은 사인펜의 수와 볼펜의 수의
곱이 홀수인 학생을 정하는 경우의 수는 $_4C_2=6$
학생 A, B가 받은 사인펜의 수와 볼펜의 수의
곱이 홀수라 하면
음이 아닌 정수 P, Q, P', Q'에 대하여
$p=2P+1$, $q=2Q+1$,
$p'=2P'+1$, $q'=2Q'+1$ 이라 할 수 있다.
$p+q+r+s=12 \Rightarrow 2(P+Q)+2+r+s=12$
$\Rightarrow 2(P+Q)+r+s=10$
$P+Q$의 값에 따른 p, q, r, s 의 모든 순서쌍
(p, q, r, s)의 개수 N_1을 표로 나타낸 것은 다음과
같다.

$P+Q$	N_1
0	$_2H_0 \times _2H_{10-2}=9$
1	$_2H_1 \times _2H_{8-2}=14$
2	$_2H_2 \times _2H_{6-2}=15$
3	$_2H_3 \times _2H_{4-2}=12$
4	$_2H_4 \times _2H_{2-2}=5$

$p'+q'+r'+s'=6 \Rightarrow 2(P'+Q')+r'+s'=4$
$P'+Q'$의 값에 따른 p', q', r', s' 의 모든
순서쌍 (p', q', r', s')의 개수 N_2를 표로 나타낸
것은 다음과 같다.

$P'+Q'$	N_2
0	$_2H_0 \times _2H_{4-2}=3$
1	$_2H_1 \times _2H_{2-2}=2$

따라서 학생 A, B가 받은 사인펜의 수와 볼펜의
수의 곱이 홀수가 되도록 하는 경우의 수는
$(9+14+15+12+5) \times (3+2)=275$
$r \times r'$, $s \times s'$이 홀수가 되도록 학생 C, D에게
사인펜 및 볼펜을 나누어 주는 경우의 수를 구하자.
… ㉠
음이 아닌 정수 R, S, R', S'에 대하여
$r=2R+1$, $s=2S+1$,
$r'=2R'+1$, $s'=2S'+1$ 이라 할 수 있다.

$p+q+r+s=12 \Rightarrow 2(P+Q+R+S)+4=12$
$\Rightarrow P+Q+R+S=4$
㉠을 만족시키도록 학생 C, D에게 사인펜을
나누어 주는 경우의 수는 $_4H_4=35$
$p'+q'+r'+s'=6 \Rightarrow P'+Q'+R'+S'=1$
㉠을 만족시키도록 학생 C, D에게 볼펜을
나누어 주는 경우의 수는 $_4H_1=4$
따라서 학생 A, B, C, D가 받는 사인펜의 수와
볼펜의 수의 곱이 모두 홀수인 경우의 수는
$35 \times 4=140$ 이므로
주어진 조건을 만족시키도록 학생 A, B, C, D
에게 사인펜 12개와 볼펜 6개를 남김없이
나누어 주는 경우의 수는
$_4C_2 \times (275-140)=810$

미적분 해설

23. $\lim\limits_{x \to 0} \dfrac{e^{3x}-1+\ln(1+2x)}{\sin x}$

$=\lim\limits_{x \to 0} \dfrac{\dfrac{e^{3x}-1}{3x} \times \dfrac{3x}{x} + \dfrac{\ln(1+2x)}{2x} \times \dfrac{2x}{x}}{\dfrac{\sin x}{x}}$

$=\dfrac{3+2}{1}$

$=5$

24. $\sum\limits_{n=3}^{\infty} a_n = \dfrac{a_1 \times \left(-\dfrac{1}{2}\right)^2}{1-\left(-\dfrac{1}{2}\right)}=4 \Rightarrow a_1=24$

25. 삼각형 ABC에서 코사인법칙에 의하여
$\overline{BC}^2=\overline{AB}^2+\overline{AC}^2-2 \times \overline{AB} \times \overline{AC} \times \cos\theta$
$f(\theta)=\sqrt{5-4\cos\theta}$
$f'(\theta)=\dfrac{4\sin\theta}{2\sqrt{5-4\cos\theta}} \Rightarrow f'\left(\dfrac{\pi}{3}\right)=1$

26. $\dfrac{dx}{dt}=\dfrac{\ln t+2}{2\sqrt{t}}$, $\dfrac{dy}{dt}=\dfrac{\sqrt{t}+1}{\sqrt{t}}$ 이므로
$t=e^2$ 일 때, $\dfrac{dx}{dt}=\dfrac{2}{e}$, $\dfrac{dy}{dt}=\dfrac{e+1}{e}$ 이다.
따라서 $t=e^2$ 일 때, $\dfrac{dy}{dx}=\dfrac{e+1}{2}$

27. 조건 (가)의 등식에 $x=0$을 대입하면 $f(1)=a$

조건 (나)에서 $\lim\limits_{x \to 1^-} f(x) = e^3 = f(1)$ 이므로 $a = e^3$

$$\int_1^2 f(x)dx = \int_0^1 f(x+1)dx$$
$$= \int_0^1 \{xf(x) + e^3\}dx$$
$$= \int_0^1 (xe^{x^2+2x} + e^3)dx$$

$$\int_0^2 f(x)dx = \int_0^1 f(x)dx + \int_1^2 f(x)dx$$
$$= \int_0^1 (x+1)e^{x^2+2x}dx + \int_0^1 e^3 dx$$
$$= \left[\frac{1}{2}e^{x^2+2x}\right]_0^1 + \left[e^3 x\right]_0^1$$
$$= \frac{3e^3-1}{2}$$

28. 모든 자연수 n에 대하여

$$a_{n+2} + \sum_{k=1}^{n+1} a_k a_{k+1}\left(-\frac{1}{2}\right)^k = 4 \ \cdots \ \bigcirc$$

이므로 조건 (가)와 $\bigcirc$에 의해

$$a_{n+2} - a_{n+1} + a_{n+2}a_{n+1}\left(-\frac{1}{2}\right)^{n+1} = 0$$ 이다.

양변을 $a_{n+2}a_{n+1}$로 나누면

$$\frac{1}{a_{n+1}} - \frac{1}{a_{n+2}} + \left(-\frac{1}{2}\right)^{n+1} = 0$$

$$\Rightarrow \frac{1}{a_{n+2}} - \frac{1}{a_{n+1}} = \left(-\frac{1}{2}\right)^{n+1}$$

이다.

$\sum\limits_{n=1}^{m}\left(\dfrac{1}{a_{n+2}} - \dfrac{1}{a_{n+1}}\right) = \dfrac{1}{a_{m+2}} - \dfrac{1}{a_2}$ 이므로

$$\frac{1}{a_{m+2}} - \frac{1}{a_2} = \sum_{n=1}^{m}\left(-\frac{1}{2}\right)^{n+1}$$ 이다.

조건 (나)에 의해

$$\lim_{m \to \infty}\left(\frac{1}{a_{m+2}} - \frac{1}{a_2}\right) = \lim_{m \to \infty}\sum_{n=1}^{m}\left(-\frac{1}{2}\right)^{n+1}$$

$$\Rightarrow \frac{1}{12} - \frac{1}{a_2} = \frac{\left(-\frac{1}{2}\right)^2}{1-\left(-\frac{1}{2}\right)}$$

$$\Rightarrow a_2 = -12$$

$$\Rightarrow a_1 = \frac{8}{3}, \ a_3 = 6$$

따라서 $a_1 + a_2 + a_3 = -\dfrac{10}{3}$

29. $e^{x+\ln 3} = e^{-x} + 6e^{-\ln 3} \Rightarrow 3e^{2x} - 2e^x - 1 = 0$
$$\Rightarrow (e^x - 1)(3e^x + 1) = 0$$
$$\Rightarrow x = 0$$
$$\Rightarrow f(\ln 3) = 3$$

두 곡선 $y = e^{x+t}$, $y = e^{-x} + 6e^{-t}$의 교점의 x좌표를 $g(t)$라 하면

$$e^{g(t)+t} = e^{-g(t)} + 6e^{-t} = f(t)$$
$$\Rightarrow e^{g(t)} = \frac{f(t)}{e^t} = \frac{1}{f(t) - 6e^{-t}}$$
$$\Rightarrow \{f(t)\}^2 - 6e^{-t}f(t) - e^t = 0$$

양변을 미분하면

$$2f(t)f'(t) - 6\{-e^{-t}f(t) + e^{-t}f'(t)\} - e^t = 0$$

$t = \ln 3$을 대입하면

$$2 \times 3 \times f'(\ln 3) - 6 \times \left\{-\frac{1}{3} \times 3 + \frac{f'(\ln 3)}{3}\right\} - 3 = 0$$

$$\Rightarrow f'(\ln 3) = -\frac{3}{4}$$

따라서 $f(\ln 3) + f'(\ln 3) = 3 - \dfrac{3}{4} = \dfrac{9}{4}$, $p+q = 13$

30. 조건 (나)에서

$$20 = \int_0^{\frac{\pi}{6}} \cos t \, f'(\sin t)\left(\frac{1-\sin t}{\cos^2 t}\right)dt$$

$\sin t = x$라 하면

$\cos^2 t = 1 - x^2$, $\cos t \, dt = dx$ 이므로

$$20 = \int_0^{\frac{1}{2}} f'(x)\frac{1-x}{1-x^2}dx$$
$$= \int_0^{\frac{1}{2}} \frac{f'(x)}{x+1}dx$$
$$= \left[\frac{f(x)}{x+1}\right]_0^{\frac{1}{2}} + \int_0^{\frac{1}{2}} \frac{f(x)}{(x+1)^2}dx \ (\because 부분적분)$$
$$= \frac{2}{3}f\left(\frac{1}{2}\right) - f(0) + 5 \ (\because (가))$$
$$= \frac{2}{3}f\left(\frac{1}{2}\right) + 2$$

따라서 $f\left(\dfrac{1}{2}\right) = 27$

기하 해설

23. 포물선 $y^2 = 4x$의 초점의 좌표는 $(1, 0)$이므로
포물선 $y^2 = 4(x-1)$의 초점의 좌표는 $(2, 0)$이다.
따라서 $a = 2$

24. $B(-3, 1, 2)$이므로 $\overline{AB} = 6$

25. 직선 $\dfrac{x-1}{4}=\dfrac{2-y}{3}$ 의 방향벡터를 $\vec{u}=(4,-3)$, 직

선 $\dfrac{x-3}{2}=y+1$ 의 방향벡터를 $\vec{v}=(2,1)$ 이라

하자.

두 벡터 $\vec{u}$, $\vec{v}$ 가 이루는 예각의 크기 θ 에 대하여

$$\vec{u}\cdot\vec{v}=5=5\times\sqrt{5}\times\cos\theta \Rightarrow \cos\theta=\dfrac{\sqrt{5}}{5}$$

26. 쌍곡선 $\dfrac{(x-2)^2}{8}-\dfrac{y^2}{2}=1$ 에 접하고 원점을

지나는 직선의 기울기는

쌍곡선 $\dfrac{x^2}{8}-\dfrac{y^2}{2}=1$ 에 접하고 점 $(-2,0)$ 을

지나는 직선의 기울기와 같다.

$m>0$ 이므로 이 직선의 방정식을

$y=mx+\sqrt{8m^2-2}$ 라 하자.

이 직선이 점 $(-2,0)$ 을 지나므로

$$0=-2m+\sqrt{8m^2-2}$$

$$m^2=\dfrac{1}{2} \Rightarrow m=\dfrac{\sqrt{2}}{2}$$

27. 점 B에서 평면 β에 내린 수선의 발을 H'이라 할 때,

$\overline{AH}/\!/\overline{BH'}$이다.

따라서 삼각형 ABH가 정삼각형이므로

$$\overline{BH}=\dfrac{1}{2}\overline{AH}=2$$

이다. 한편, 삼수선의 정리에 의하여

$$\overline{B'H}\perp l,\ \overline{A'H}\perp l$$

이므로 이면각의 정의에 의하여

$$\angle BB'H=\angle AA'H$$

이다. 그러므로 두 삼각형 BB'H, AA'H는 서로 닮음이

므로 $\overline{BB'}=\dfrac{1}{2}\overline{AA'}$이다.

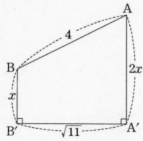

이때, 사다리꼴 BB'A'A에서

$$\overline{A'B'}=\sqrt{11},\ \overline{AB}=4$$

이므로 $\overline{BB'}=x$라 하면,

$$x=\sqrt{5}$$이다.

따라서

$$\sin\theta=\dfrac{\overline{BH'}}{\overline{BB'}}=\dfrac{2}{\sqrt{5}}$$

이므로 구하는 값은 $\cos\theta=\dfrac{\sqrt{5}}{5}$ 이다.

28. $0<k<6$인 실수 k에 대하여 $\overrightarrow{BC}=k$라 하자.

$\overrightarrow{PB}=\overrightarrow{AB}-\overrightarrow{AP}$, $\overrightarrow{QC}=\overrightarrow{AC}-\overrightarrow{AQ}$ 이므로

조건 (가)에서

$$2(\overrightarrow{AB}-\overrightarrow{AP})+\overrightarrow{AQ}=\overrightarrow{AC}-\overrightarrow{AQ}-\overrightarrow{PQ}$$

$$\Rightarrow 2\overrightarrow{AB}-\overrightarrow{AC}=2(\overrightarrow{AP}-\overrightarrow{AQ})-\overrightarrow{PQ}$$

$$\Rightarrow 2\overrightarrow{AB}-\overrightarrow{AC}=3\overrightarrow{QP}$$

따라서 $2\overrightarrow{AB}=\overrightarrow{AD}$인 점 D에 대하여 $\overrightarrow{DC}=3\overrightarrow{PQ}$

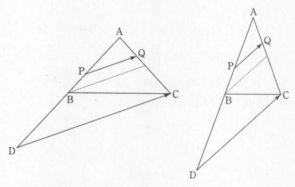

선분 QC의 중점을 M이라 하면,

$\overrightarrow{PQ}+\overrightarrow{PC}=2\overrightarrow{PM}$ 이므로

두 벡터 $\overrightarrow{PQ}$, $\overrightarrow{PM}$ 이 이루는 각의 크기를

$\theta\ (0\le\theta\le\pi)$라 하면, 조건 (나)에서

$$2|\overrightarrow{PQ}||\overrightarrow{BC}|=2\sqrt{3}|\overrightarrow{PQ}||\overrightarrow{PM}|\cos\theta$$

두 삼각형 ABC, APM은 닮음비가 $3:2$인 닮은

도형이므로 $|\overrightarrow{BC}|:|\overrightarrow{PM}|=3:2$

따라서 $\cos\theta=\dfrac{\sqrt{3}}{2} \Rightarrow \theta=\dfrac{\pi}{6}$

$$|\overrightarrow{PA}+\overrightarrow{PM}|=2|\overrightarrow{PQ}|$$

양변을 제곱하면

$$|\overrightarrow{PA}|^2+|\overrightarrow{PM}|^2+2\overrightarrow{PA}\cdot\overrightarrow{PM}=4|\overrightarrow{PQ}|^2$$

$$\Rightarrow 4+\dfrac{4}{9}k^2+2\times2\times\dfrac{2}{3}k\times\dfrac{k}{6}=4|\overrightarrow{PQ}|^2$$

$$\Rightarrow |\overrightarrow{PQ}|=\sqrt{1+\dfrac{2}{9}k^2}$$

삼각형 MPQ에서 코사인법칙에 의해

$$\overline{QM}^2=\overline{PQ}^2+\overline{PM}^2-2\times\overline{PQ}\times\overline{PM}\times\cos\dfrac{\pi}{6}$$

$$\Rightarrow k=3$$

따라서 삼각형 ABC는 한 변의 길이가 3인

정삼각형이다.

$$\overrightarrow{PQ} \cdot \overrightarrow{PC} = (\overrightarrow{PM} + \overrightarrow{MQ}) \cdot (\overrightarrow{PM} + \overrightarrow{MC})$$
$$= |\overrightarrow{PM}|^2 + \overrightarrow{PM} \cdot (\overrightarrow{MQ} + \overrightarrow{MC})$$
$$+ \overrightarrow{MQ} \cdot \overrightarrow{MC}$$
$$= |\overrightarrow{PM}|^2 + \overrightarrow{PM} \cdot \vec{0} - 1$$
$$= |\overrightarrow{PM}|^2 - 1$$
$$= 4 - 1$$
$$= 3$$

29. 주어진 조건에서 $0 < \angle PRQ < \dfrac{\pi}{2}$ 이므로

조건 (가)에 의해 $\dfrac{\pi}{2} < \angle PFQ < \pi$ 이고,

$\angle PRQ = \theta$ 라 하면 $\angle PFQ = \pi - \theta$ 이다.

두 삼각형 QRF′, PFF′에서

$\angle QRF' = \angle PFF'$, $\angle QF'R = \angle PF'F$ 이므로

두 삼각형 QRF′, PFF′은 닮은 삼각형이다.

따라서 $\angle RQF' = \angle FPF' = \dfrac{\pi}{2}$ 이고

조건 (나)에 의해 두 삼각형 QRF′, PFF′은
닮음비가 $3:2$ 인 닮은 삼각형이다. ··· ㉠

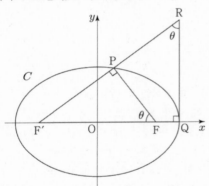

$\overline{FF'} = 2c$ 이므로 $\overline{RF'} = 3c$ 이고,

$\overline{PF} = 2k \,(k > 0)$ 이라 하면 조건 (나)에 의해

$\overline{QR} = 3k$, $\overline{PR} = 13 - 2k$ 이다.

따라서 $\overline{PF'} = 3c + 2k - 13$ 이고

$\overline{PF} + \overline{PF'} = 3c + 4k - 13$ 이므로 주어진 타원의

장축의 길이는 $3c + 4k - 13$ 이다.

$\dfrac{3c + 4k - 13}{2} = \overline{OQ}$ 이므로

$$\overline{F'Q} = \overline{F'O} + \overline{OQ}$$
$$= \frac{5c + 4k - 13}{2}$$

㉠에 의해

$\dfrac{5c + 4k - 13}{2} : 3c + 2k - 13 = 3 : 2 \Rightarrow k + 2c = 13$

삼각형 PFF′에서 피타고라스 정리에 의해

$(2k)^2 + (3c + 2k - 13)^2 = (2c)^2$

$(13 - c)^2 = 4(3c - 13)(13 - c)$
$\Rightarrow (13 - c)\{(13 - c) - 4(3c - 13)\} = 0$
$\Rightarrow (13 - c)(65 - 13c) = 0$
$\Rightarrow c = 5$, $k = 3$

사각형 FPRQ의 넓이는 삼각형 FQR의 넓이와
삼각형 PFR의 넓이의 합이므로

$$\frac{1}{2} \times (2 \times 9 + 6 \times 7) = 30$$

30. 점 C에서 선분 BD에 내린 수선의 발을 H라 하면,

$\overline{BC} = \sqrt{10}$, $\overline{CD} = 3\sqrt{2}$, $\overline{BD} = 4$ 이다.

그러므로 $\overline{BH} = h$라 하면, 삼각형 BCH에서

$\overline{CH} = \sqrt{10 - h^2}$

이고, 삼각형 CDH에서

$\overline{CH} = \sqrt{18 - (4 - h)^2}$

이다. 따라서

$10 - h^2 = 18 - (4 - h)^2$

$10 - h^2 = 2 + 8h - h^2$

즉, $h = 1$

이므로 $\overline{CH} = 3$이다. 이때,

$\overline{OC} = \overline{OA}$, 선분 OH는 공통, $\angle OCH = \angle OAH = \dfrac{\pi}{2}$

이므로 두 삼각형 OCH, OAH는 서로 합동이다.
따라서

$\overline{OC} = \overline{OA} = \sqrt{3}$

이므로

$\angle CHO = \angle OHA = \dfrac{\pi}{6}$

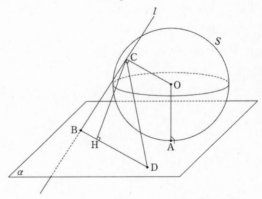

한편, 직선 l이 구 S와 점 C에서 접하므로

$\overline{OC} \perp \overline{BC}$ 이다.

또한, $\overline{BD} \perp \overline{OC}$ 이므로

$\overline{OC} \perp (평면\ BCD)$

이다. 따라서 삼수선의 정리에 의하여

$\overline{OH} \perp \overline{BD}$

이다. 마찬가지로,

$\overline{OH} \perp \overline{BD}$, $\overline{OA} \perp \alpha$

이므로 삼수선의 정리에 의하여

$\overline{AH} \perp \overline{BD}$ 이다.

따라서

$$\overline{CH} \perp \overline{BD}, \quad \overline{OH} \perp \overline{BD}, \quad \overline{AH} \perp \overline{BD}$$

이므로 네 점 O, A, C, H는 한 평면 위의 점이다.

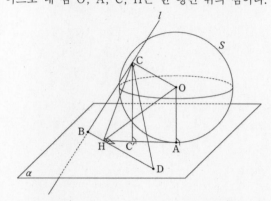

따라서 점 C에서 평면 α에 내린 수선의 발을 C′이라 하면, 점 C′은 직선 AH 위의 점이다.

그러므로 삼각형 OCD의 평면 α 위로의 정사영은 삼각형 AC′D이다.

이때, $\overline{CH} = 3$, $\angle AHC = \dfrac{\pi}{3}$

이므로 $\overline{HC'} = \dfrac{3}{2}$ 이다.

따라서

$$\frac{1}{2} \times \overline{AC'} \times \overline{HD} = \frac{1}{2} \times \frac{3}{2} \times 3 = \frac{9}{4}$$

이고, 구하는 값은 $p + q = 13$

공통과목

1	2	3	4	5
④	④	①	②	③
6	7	8	9	10
③	⑤	②	③	⑤
11	12	13	14	15
④	③	④	②	①
16	17	18	19	20
12	16	7	15	36
21	22			
18	24			

선택과목-확률과 통계

23	24	25	26	27
③	⑤	③	⑤	①
28	29	30		
④	10	408		

선택과목-미적분

23	24	25	26	27
②	④	①	②	③
28	29	30		
③	35	121		

선택과목-기하

23	24	25	26	27
①	①	②	③	⑤
28	29	30		
③	18	7		

예상 등급컷:

	미적분	기하	확통
1등급	80	84	88
2등급	72	76	80

공통 해설

1. $\sqrt[3]{54} \times 2^{\frac{2}{3}} = \sqrt[3]{3^3 \times 2} \times 2^{\frac{2}{3}} = 3 \times 2 = 6$

2. $f(x) = x^3 - 2x^2 + 2 \Rightarrow f'(x) = 3x^2 - 4x$
$\Rightarrow f'(2) = 4$

3. $\sin\left(\frac{\pi}{2} + \theta\right) = \cos\theta = \frac{2}{3} \Rightarrow \tan\theta = \frac{\sqrt{5}}{2}$

4. $\lim\limits_{x \to 0+} f(x) = 3$, $\lim\limits_{x \to 2-} f(x) = -1$이므로
$\lim\limits_{x \to 0+} f(x) + \lim\limits_{x \to 2-} f(x) = 3 - 1 = 2$

5. $(4^x)^2 - 6 \times 4^x + 8 = (4^x - 2)(4^x - 4) \leq 0$
$\Rightarrow \frac{1}{2} \leq x \leq 1 \Rightarrow \alpha = \frac{1}{2}$, $\beta = 1 \Rightarrow \alpha + \beta = \frac{3}{2}$

6. 함수 $f(x)$의 도함수를 구하면
$f'(x) = 3x^2 + 6x - 9 = 3(x+3)(x-1)$
따라서 함수 $f(x)$는 $x=1$에서 극소이므로
$f(1) = k - 5 = 4 \Rightarrow k = 9$

7. 등비수열 $\{a_n\}$의 공비를 r이라 하자.
$a_2 a_4 = a_1{}^2 r^4 = 4 \cdots$ ㉠, $a_1 a_5 a_6 = a_1{}^3 r^9 = 64$
$\left(a_1{}^2 r^4\right)^3 = 64 = a_1{}^3 r^9 \Rightarrow a_1{}^3 r^3 = 1 \Rightarrow a_1{}^2 r^2 = 1$
이를 ㉠에 대입하면
$r^2 = 4 \Rightarrow r = -2 \ (\because r < 0)$
$\Rightarrow a_1 = -\frac{1}{2}$
$a_7 + a_8 = a_1(r^6 + r^7)$
$= -\frac{1}{2}\{(-2)^6 + (-2)^7\}$
$= 32$

8. 점 P의 시각 $t=a$ 에서의 속도가 13이므로

$3a^2-2a-8=13 \Rightarrow (a-3)(3a+7)=0 \Rightarrow a=3$

시각 $t=4$ 에서의 점 P의 위치는

$$0+\int_0^4 v(t)dt = 0+\int_0^4 (3t^2-2t-8)dt$$
$$=0+\left[t^3-t^2-8t\right]_0^4$$
$$=16$$

9. $f'(x)=x^2-kx+4$ 이므로

$$f(x)=\frac{x^3}{3}-\frac{k}{2}x^2+4x+C \ (단, \ C는 \ 상수)$$

곡선 $y=f(x)$ 위의 점 $(0, f(0))$ 에서의 접선의
방정식을 $y=g(x)$ 라 하면
방정식 $f(x)=0$ 의 모든 근의 합과
방정식 $f(x)=g(x)$ 의 모든 근의 합은 같으므로

$$0+0+3=\frac{3}{2}k \Rightarrow k=2$$

곡선 $y=f(x)$ 가 점 $(3, 2)$ 를 지나므로

$f(3)=2 \Rightarrow C=-10$

따라서 $f(6)=50$

10. 수열 $\{a_n\}$ 의 첫째항이 양수이므로

$a_2=1-3a_1 \Rightarrow |1-3a_1|=2 \Rightarrow a_1=1, a_2=-2$

$a_3=0, a_4=2, a_5=-5, a_6=-3, a_7=-1,$

$a_8=1, \cdots$

이로부터 수열의 주기가 7임을 알 수 있고,

$2025=290\times7-5$ 에서

모든 자연수 n 에 대하여 $a_{7n-5}=-2$ 이므로

$a_1+a_{2025}=a_1+a_2=-1$

11. 함수 $g(x)$ 가 $x=1$ 에서 미분가능하므로

$$\lim_{x \to 1-} g(x)=\lim_{x \to 1+} g(x)=g(1) \Rightarrow f(1)=0 \cdots ㉠$$

$$\lim_{x \to 1-} g'(x)=\lim_{x \to 1+} g'(x) \Rightarrow f'(1)=1 \cdots ㉡$$

$$g(-x)=\begin{cases} f(-x) & (x>-1) \\ (-x)^4-(-x)^3 & (x \le -1) \end{cases}$$
$$=\begin{cases} f(-x) & (x>-1) \\ x^4+x^3 & (x \le -1) \end{cases}$$

$$g'(2x)=\begin{cases} f'(2x) & \left(x<\dfrac{1}{2}\right) \\ 32x^3-12x^2 & \left(x \ge \dfrac{1}{2}\right) \end{cases}$$

이므로

$$\lim_{x \to \infty} \frac{g(-x)+g'(2x)}{x^2}=\lim_{x \to \infty} \frac{f(-x)+32x^3-12x^2}{x^2}$$
$$=0$$

따라서 $f(-x)=-32x^3+12x^2+ax+b$

$f(x)=32x^3+12x^2-ax+b$

㉠에 의해 $44-a+b=0$ 이고

㉡에 의해 $96+24-a=1$ 이므로

$a=119, b=75$

따라서 $f(0)=75$

12. $\angle CBD=\theta$ 라 하자.

삼각형 BCD의 외접원의 반지름의 길이가
$4\sqrt{2}$ 이므로 삼각형 BCD에서 사인법칙에 의해

$$\sin\theta=\frac{\sqrt{2}}{2\times4\sqrt{2}}=\frac{1}{8}$$

삼각형 ABC에서 코사인법칙에 의해

$$\overline{AC}^2=\overline{AB}^2+\overline{BC}^2-2\times\overline{AB}\times\overline{BC}\times\cos\left(\frac{\pi}{2}+\theta\right)$$
$$=4^2+4^2+2\times4\times4\times\sin\theta$$
$$=36$$

따라서 $\overline{AC}=6$

원 C 의 반지름의 길이를 r 이라 하자.

삼각형 ABC에서 사인법칙에 의해

$$r=\frac{6}{2\sin\left(\frac{\pi}{2}+\theta\right)}=\frac{3}{\cos\theta}=\frac{8}{\sqrt{7}}$$

따라서 원 C 의 넓이는 $\dfrac{64}{7}\pi$

13. 함수 $f(x)$ 는 모든 실수 x 에 대하여

$8 \le f(x) \le 64$ 를 만족시킨다.

$8 < f(a) \le 64$ 이면 $\{f(a)\}^2 > 64$ 이므로

$\{f(a)\}^2=f(b)$ 를 만족시키는 실수 b 는
존재하지 않는다.

따라서 $f(a)=8, f(b)=64$ 이므로

함수 $f(x)$ 는 $x=a$ 에서 최솟값을 갖고,

$x=b$ 에서 최댓값을 갖는다.

함수 $f(x)$ 가 최솟값을 갖는 x 는

$\dfrac{\pi x}{k}=\dfrac{3}{2}\pi+2n\pi$ (단, n 은 정수)꼴로 표현되고

함수 $f(x)$ 가 최댓값을 갖는 x 는

$\dfrac{\pi x}{k}=\dfrac{\pi}{2}+2m\pi$ (단, m 은 정수)꼴로 표현되므로

$$a=\frac{k}{\pi}\left(\frac{3}{2}\pi+2n\pi\right)=\frac{3}{2}k+2kn,$$

$$b=\frac{k}{\pi}\left(\frac{\pi}{2}+2m\pi\right)=\frac{k}{2}+2km$$

$$\overline{AB} = \sqrt{(b-a)^2 + \{f(b)-f(a)\}^2}$$
$$= \sqrt{\{-k+2(m-n)k\}^2 + (64-8)^2}$$
$$= \sqrt{(2m-2n-1)^2 k^2 + 56^2}$$
$$= 70$$

$$(2m-2n-1)^2 k^2 + 56^2 = 70^2$$
$$\Rightarrow (2m-2n-1)^2 k^2 = (70-56)(70+56)$$
$$\Rightarrow (2m-2n-1)^2 k^2 = 14 \times 126 \cdots \text{㉠}$$

$2m-2n-1$의 값은 자연수이므로
$2m-2n-1$의 값은 홀수인 자연수이고,
$14 \times 126 = 2^2 \times 3^2 \times 7^2$이므로
㉠에서 k^2으로 가능한 값을 작은 수부터
크기순으로 나열하면
2^2, $2^2 \times 3^2$, $2^2 \times 7^2$, $2^2 \times 3^2 \times 7^2$이다.
따라서 주어진 조건을 만족시키는 모든 k의 값은
2, 6, 14, 42이고 그 합은 64

14. 방정식 $f(x)=0$의 서로 다른 실근의 개수가
1일 때, 이 실근을 α라 하면
x에 대한 방정식 $f(f(x)-t)=0$의 실근은
$f(x)=t+\alpha$를 만족시키는 x이므로
함수 $g(t)$의 최솟값은 1이다.
방정식 $f(x)=0$의 서로 다른 실근의 개수가
3일 때도 마찬가지로 함수 $g(t)$의 최솟값은
3임을 알 수 있다.
따라서 방정식 $f(x)=0$의 서로 다른 실근의
개수는 2이고, 함수 $f(x)$가 $x=0$에서 극대이므로
방정식 $f(x)=0$은 0을 중근으로 갖고 $p(p>0)$을
단일근으로 갖거나,
$q(q<0)$을 단일근으로 갖고 $r(r>0)$을 중근으로
갖는다.
(1) 방정식 $f(x)=0$이 0을 중근으로 갖고
　　$p(p \neq 0)$을 단일근으로 갖는 경우
　　x에 대한 방정식 $f(f(x)-t)=0$의 실근은
　　$f(x)=t$를 만족시키는 x 또는
　　$f(x)=t+p$를 만족시키는 x이다.
　　함수 $g(t)$가 $t=\alpha$, $t=\beta$ $(\alpha<\beta)$에서만
　　불연속이기 위해서는 함수 $f(x)$의 두 극값의
　　차가 $(t+p)-t=p$가 되어야 하고,
　　이때 함수 $g(t)$의 그래프는 다음 그림과 같다.

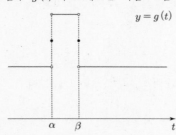

$\alpha = -2p$, $\beta = 0$이므로 $\alpha\beta \neq -18$

(2) 방정식 $f(x)=0$이 q를 단일근으로 갖고
　　r을 중근으로 갖는 경우
　　x에 대한 방정식 $f(f(x)-t)=0$의 실근은
　　$f(x)=t+q$를 만족시키는 x 또는
　　$f(x)=t+r$을 만족시키는 x이다.
　　함수 $g(t)$가 $t=\alpha$, $t=\beta$ $(\alpha<\beta)$에서만
　　불연속이기 위해서는 함수 $f(x)$의 두 극값의
　　차가 $(t+r)-(t+q)=r-q$가 되어야 하고,
　　이때 함수 $g(t)$의 그래프는 다음 그림과 같다.

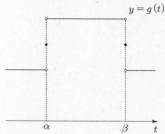

$\alpha = -r$, $\beta = r-2q$
$f(x) = k(x-q)(x-r)^2 \ (k>0)$에서
$f'(0)=0 \Rightarrow r=-2q \Rightarrow \alpha=2q$, $\beta=-4q$
$\alpha\beta = -8q^2 = -18 \Rightarrow q=-\dfrac{3}{2}$, $r=3$
$f(0) = r-q \Rightarrow k=\dfrac{1}{3}$
$f(x) = \left(\dfrac{x}{3}+\dfrac{1}{2}\right)(x-3)^2$, $f(\beta-\alpha)=f(9)=126$

15. 원 C는 직선 $y=x$에 대하여 대칭인 도형이고
함수 $y=\log_a x - b$는 함수 $y=a^{x+b}$의
역함수이므로
두 점 P, Q는 직선 $y=x$에 대하여 대칭이다.
따라서 점 P의 좌표를 $P(p, q) \ (0<p<q)$라 하면
점 Q의 좌표는 $Q(q, p)$이다.
점 P는 원 C 위의 점이므로 $p^2+q^2=25 \cdots \text{㉠}$
원 C 위의 점 R에 대하여 선분 PR은
원 C에서의 현이고, 직선 PR은 x축에 수직이므로
점 R의 좌표는 $R(p, -q)$
삼각형 PQR의 넓이는
$\dfrac{1}{2} \times \{q-(-q)\} \times (q-p) \Rightarrow 4 = q(q-p) \cdots \text{㉡}$
㉠, ㉡에 의해
$q\sqrt{25-q^2} = q^2-4 \Rightarrow 2q^4-33q^2+16=0$
$\qquad\qquad\qquad \Rightarrow (q^2-16)(2q^2-1)=0$
따라서 $q^2=16$, $p^2=9$이므로 $q=4$, $p=3$
점 P는 곡선 $y=a^{x+b}$ 위의 점이고
점 R은 곡선 $y=\log_a x - b$ 위의 점이므로
$a^{b+3}=4$, $a^{b-4}=3$
따라서 $a^7 = \dfrac{a^{b+3}}{a^{b-4}} = \dfrac{4}{3}$

16. $\log_2 9 = 2\log_2 3$, $\log_3 64 = 2\log_3 8$이므로

$$\log_2 9 \times \log_3 64 = 4 \times \log_2 3 \times \log_3 8$$
$$= 4\log_2 8$$
$$= 4 \times 3$$
$$= 12$$

17. $\displaystyle\int_1^2 f'(x)dx = \int_1^2 (3x^2 + 2x)dx$

$$= \left[x^3 + x^2 \right]_1^2$$
$$= 10$$
$$= f(2) - 6$$

따라서 $f(2) = 16$

18. $3x^3 + 2x = x^3 + 4x^2 \Rightarrow 2x(x-1)^2 = 0$

따라서 두 곡선 $y = 3x^3 + 2x$, $y = x^3 + 4x^2$은
두 점 $(0, 0)$, $(1, 5)$에서만 만난다.

두 곡선 $y = 3x^3 + 2x$, $y = x^3 + 4x^2$으로 둘러싸인
부분의 넓이를 S라 하면,

닫힌구간 $[0, 1]$에서 $2x(x-1)^2 \geq 0$이므로

$$S = \int_0^1 |(3x^3 + 2x) - (x^3 + 4x^2)|\, dx$$
$$= \int_0^1 (2x^3 - 4x^2 + 2x)dx$$
$$= \left[\frac{x^4}{2} - \frac{4}{3}x^3 + x^2 \right]_0^1$$
$$= \frac{1}{6}$$

따라서 $p + q = 7$

19. 등차중항의 성질에 의해

$$2a_4 = a_2 + a_3 \Rightarrow 2a_1 r^3 = a_1 r(1+r)$$
$$\Rightarrow 2r^2 - r - 1 = 0 \ (\because a_1 r \neq 0)$$
$$\Rightarrow (2r+1)(r-1) = 0$$
$$\Rightarrow r = -\frac{1}{2} \ (\because r \neq 1)$$

$$2a_3 = a_4 + \frac{15}{2} \Rightarrow 2a_1\left(-\frac{1}{2}\right)^2 = a_1\left(-\frac{1}{2}\right)^3 + \frac{15}{2}$$
$$\Rightarrow a_1 = 12$$

따라서 $a_1 + a_3 = 12 + 12\left(-\frac{1}{2}\right)^2 = 15$

20. n이 홀수일 때, $5n - 3m$의 n제곱근 중
실수인 것이 항상 존재하므로
$5n - 3m$의 n제곱근 중 실수인 것이 존재하지
않도록 하는 자연수 n은 짝수이고, $\cdots$ ㉠
이 자연수 n에 대하여 $5n - 3m < 0$이다.
㉠을 만족시키는 짝수인 자연수 n의 개수가
3이므로 ㉠을 만족시키는 짝수인 자연수 n이
2, 4, 6이 되어
6 이하의 모든 짝수인 자연수 N_1에 대하여
$5N_1 - 3m < 0$,
8 이상의 모든 짝수인 자연수 N_2에 대하여
$5N_2 - 3m \geq 0$이 성립해야 한다.
즉, $30 - 3m < 0$, $40 - 3m \geq 0$이 성립해야 하므로
$10 < m \leq \dfrac{40}{3}$이 성립해야 한다.
따라서 주어진 조건을 만족시키는 모든 자연수
m의 값의 합은 $11 + 12 + 13 = 36$

21. $\displaystyle\lim_{x \to \infty} \frac{f(x)}{x^4} = 0$이므로 다항함수 $f(x)$의 최고차항의
차수는 4보다 작다. $\cdots$ ㉠
$\displaystyle\lim_{x \to 1}(x - 1) = 0$이므로 $\displaystyle\lim_{x \to 1} f(x) = f(1) = 0$이고
$\displaystyle\lim_{x \to 1} \frac{f(x) - f(1)}{x - 1} = f'(1) = 0$이므로
다항식 $f(x)$는 $(x-1)^2$을 인수로 가지고,
㉠에 의해 $f(x) = (x-1)^2(ax + b)$라 할 수 있다.
$A = \{f'(x) \,|\, f(x) = 0\}$, $B = \{x \,|\, f'(x) = 0\}$이라
하자.
(1) $a = 0$인 경우
　$A = \{f'(1)\} = \{0\}$, $B = \{1\}$이므로
　$A \neq B$이다.
(2) $a \neq 0$인 경우
　$A = \left\{ f'\left(-\dfrac{b}{a}\right), f'(1) \right\} = \left\{ f'\left(-\dfrac{b}{a}\right), 0 \right\}$,
　$B = \{1, \alpha\}$ (단, $f'(\alpha) = 0$)
　$A = B$이기 위해서는 $\alpha = 0$이어야 하므로
　$f'(0) = 0$이고, $f'\left(-\dfrac{b}{a}\right) = 1$
　$f'(x) = 2(x-1)(ax+b) + a(x-1)^2$
　$f'(0) = 0 \Rightarrow a = 2b$
　$f'\left(-\dfrac{b}{a}\right) = 1 \Rightarrow a = \dfrac{4}{9}$, $b = \dfrac{2}{9}$
　$f(x) = (x-1)^2\left(\dfrac{4}{9}x + \dfrac{2}{9}\right) \Rightarrow f(4) = 18$

22. 함수 $g(x)$ 를 $g(x) = \displaystyle\int_0^x f(s)ds$ 라 하면

주어진 직선의 방정식은

$y = g'(t)(x-t) + g(t)$ 이므로

주어진 직선은 곡선 $y = g(x)$ 위의 점 $(t, g(t))$ 에서의 접선이다.

이 접선이 지나는 사분면이 2개이기 위해서는

접선이 원점을 지나거나 … ㉠

$g(t) \neq 0$ 인 실수 t 에 대하여 접선이 x 축에

평행해야 한다. … ㉡

$g(0) = 0$ 이므로 곡선 $y = g(x)$ 위의 점

$(0, 0)$ 에서의 접선은 반드시 원점을 지나는데,

$g'(0) \neq 0$ 이면 $0 \not\in \{\alpha, \alpha+1\}$ 이므로

주어진 조건을 만족시키지 않는다.

따라서 $g'(0) = 0$ 이다.

$g(x) = \dfrac{x^2}{3}(x-3k)$ 라 하자.

$k = 0$ 이면 곡선 $y = g(x)$ 위의 점 $(0, 0)$ 에서의

접선은 x 축이고, 주어진 조건을 만족시키는

실수 $t(t \neq 0)$ 은 존재하지 않으므로 $k \neq 0$ 이다.

㉠을 만족시키는 실수 $t(t \neq 0)$ 의 값을 구하자.

곡선 $y = g(x)$ 위의 점 $(t, g(t))$ 에서의 접선의

방정식은 $y = g'(t)(x-t) + g(t)$

이 접선이 점 $(0, 0)$ 을 지나므로

$0 = g'(t)(0-t) + g(t) \Rightarrow tg'(t) - g(t) = 0$

$\Rightarrow t^2\left(\dfrac{2}{3}t - k\right) = 0$

$\Rightarrow t = \dfrac{3}{2}k$

㉡을 만족시키는 실수 $t(t \neq 0)$ 의 값을 구하자.

$g'(t) = 0 \Rightarrow t^2 - 2kt = 0 \Rightarrow t = 2k$

따라서 $\{\alpha, \alpha+1\} = \left\{\dfrac{3}{2}k, 2k\right\}$ 이므로

$2k - \dfrac{3}{2}k = \dfrac{k}{2} = 1 \Rightarrow k = 2, \ \alpha = 3$

$g(x) = \dfrac{x^3}{3} - 2x^2 \Rightarrow f(x) = x^2 - 4x$

$\Rightarrow f(7) = 21$

따라서 $\alpha + f(7) = 24$

23. 다항식 $(x+a)^4$ 의 전개식의 일반항은

${}_4C_r x^r a^{4-r}$ (단, r 은 $0 \leq r \leq 4$ 인 정수)이므로

주어진 다항식의 전개식에서의 x^4 의 계수는

$1 \times {}_4C_3 a^{4-3} = 4a$

$4a = 28 \Rightarrow a = 7$

24. $\sigma(X) \times V(X) = \{V(X)\}^{\frac{3}{2}} = \left(\dfrac{3n}{16}\right)^{\frac{3}{2}} = 216$

$\sqrt{\dfrac{3n}{16}} = 6 \Rightarrow n = 192$

25. 주어진 6장의 카드 중에서 임의로 2장의 카드를

선택할 때, 선택한 2장의 카드에 적혀있는 수가

서로 같을 확률은 $\dfrac{{}_3C_2 + {}_2C_2}{{}_6C_2} = \dfrac{4}{15}$

따라서 구하는 확률은 $1 - \dfrac{4}{15} = \dfrac{11}{15}$

26. $P(X \geq 7) - P(7 \leq X \leq 13) = P(X \geq 13)$ 이므로

$P(X \leq 1) = P(X \geq 13) \Rightarrow m = \dfrac{1+13}{2} = 7$

확률변수 $\dfrac{X-7}{3}$ 은 표준정규분포를 따르는

확률변수이므로

$a = P(X \geq 7) = P(Z \geq 0) = 0.5$

$P(8a \leq X \leq 26a) = P(4 \leq X \leq 13)$

$= P(-1 \leq Z \leq 2)$

$= P(0 \leq Z \leq 1) + P(0 \leq Z \leq 2)$

$= 0.3413 + 0.4772$

$= 0.8185$

27. A와 B가 서로 이웃하고, C와 D가 서로

이웃하도록 둘러앉는 경우의 수는 $4 \times \dfrac{4!}{4} = 24$

A와 B가 서로 이웃하고, C와 D가 서로

이웃하고, B와 C가 서로 이웃하도록 둘러앉는

경우의 수는 $2 \times \dfrac{3!}{3} = 4$

따라서 구하는 경우의 수는 $24 - 4 = 20$

28. 조건 (가)에서 $\sum\limits_{n=1}^{5} x_n$ 의 값이 짝수이므로

x_1, x_2, x_3, x_4, x_5 중 홀수의 개수는 짝수이다.

조건 (나)에 의해 x_1, x_2는 짝수, x_3, x_4, x_5는

모두 짝수이거나 짝수가 1개, 홀수가 2개다.

(1) x_1, x_2, x_3, x_4, x_5가 모두 짝수인 경우

음이 아닌 정수 X_m $(m=1,\ 2,\ 3,\ 4,\ 5)$

에 대하여 $x_m = 2X_m + 2$ 라 하자.

$$\sum_{n=1}^{5} x_n = \sum_{m=1}^{5}(2X_m + 2) = 2\sum_{m=1}^{5} X_m + 10 = 16$$

$$\sum_{m=1}^{5} X_m = 3$$

따라서 이 경우 순서쌍의 개수는 $_5H_3 = 35$

(2) x_1, x_2는 짝수이고 x_3, x_4, x_5 중

짝수가 1개, 홀수가 2개인 경우

x_3이 짝수이거나 x_4가 짝수이다.

x_3이 짝수라 하고,

음이 아닌 정수 X_m $(m=1,\ 2,\ 3,\ 4,\ 5)$

에 대하여

$x_1 = 2X_1 + 2$, $x_2 = 2X_2 + 2$, $x_3 = 2X_3 + 2$,

$x_4 = 2X_4 + 1$, $x_5 = 2X_5 + 1$ 이라 하자.

$$\sum_{n=1}^{5} x_n = \sum_{m=1}^{3}(2X_m + 2) + \sum_{m=4}^{5}(2X_m + 1) = 16$$

$$\sum_{m=1}^{5} X_m = 4$$

따라서 이 경우 순서쌍의 개수는 $2 \times {}_5H_4 = 140$

(1), (2)에 의해 구하는 순서쌍의 개수는

$35 + 140 = 175$

29. 확률변수 X의 확률분포표에서 확률질량함수의

성질에 의해 $a + b + \dfrac{3}{2}a = 1 \implies \dfrac{5}{2}a + b = 1 \cdots \text{㉠}$

$\mathrm{E}(Y) = \mathrm{E}(X^2) - 1 \times \dfrac{1}{10} + 16 \times \dfrac{1}{10}$

$\qquad = \mathrm{E}(X^2) + \dfrac{3}{2}$

$\qquad = \mathrm{V}(X) + \{\mathrm{E}(X)\}^2 + \dfrac{3}{2}$

주어진 조건에 의해

$\dfrac{31}{4} = \{\mathrm{E}(X)\}^2 + \dfrac{3}{2} \implies \mathrm{E}(X) = \dfrac{5}{2}$

$\qquad\qquad\qquad \implies a + 2b + 6a = \dfrac{5}{2} \cdots \text{㉡}$

㉠, ㉡에 의해

$a = \dfrac{1}{4} \implies \dfrac{\mathrm{E}(X)}{a} = 10$

30. 조건 (나)에 의해 $f(1)f(2) = -4$ 또는

$f(1)f(2) = -6$

(1) $f(1)f(2) = -4$인 경우

3이 함수 f의 치역의 원소이면

조건 (가)를 만족시킨다.

이때 $f(3)$, $f(4)$, $f(5)$로 가능한 값은

집합 Y의 모든 원소인데,

$f(3)$, $f(4)$, $f(5)$ 중 적어도 하나는

3이어야 하므로

이때 함수 f의 개수는 $_5\Pi_3 - _4\Pi_3 = 61$

3이 함수 f의 치역의 원소가 아니면

조건 (가)를 만족시키기 위해

0, 1이 모두 함수 f의 치역의 원소이어야

한다.

$f(3)$, $f(4)$, $f(5)$ 중 0이 1개, 1이 1개,

0 또는 1이 아닌 것이 1개일 때

함수 f의 개수는 $_3P_2 \times _2C_1 = 12$

$f(3)$, $f(4)$, $f(5)$가 0 또는 1일 때

함수 f의 개수는 $2 \times _3C_1 = 6$

따라서 이 경우 함수 f의 개수는

$2 \times (61 + 12 + 6) = 158$

(2) $f(1)f(2) = -6$인 경우

조건 (가)를 만족시키므로 함수 f의 개수는

$2 \times _5\Pi_3 = 250$

따라서 구하는 함수 f의 개수는 $158 + 250 = 408$

$$\boxed{\text{미적분 해설}}$$

23. $\lim\limits_{n \to \infty} \sqrt{n}\left(\sqrt{n+5} - \sqrt{n+1}\right)$

$= \lim\limits_{n \to \infty} \dfrac{4\sqrt{n}}{\sqrt{n+5} + \sqrt{n+1}}$

$= \lim\limits_{n \to \infty} \dfrac{4}{\sqrt{1 + \dfrac{5}{n}} + \sqrt{1 + \dfrac{1}{n}}}$

$= \dfrac{4}{1+1}$

$= 2$

24. $\displaystyle\int_0^{\frac{\pi}{3}} \dfrac{\sin x}{1 - \sin^2 x}\, dx = \int_0^{\frac{\pi}{3}} \dfrac{\sin x}{\cos^2 x}\, dx$

$\qquad = -\displaystyle\int_1^{\frac{1}{2}} \dfrac{1}{t^2}\, dt \ (\cos x = t)$

$\qquad = \left[\dfrac{1}{t}\right]_1^{\frac{1}{2}}$

$\qquad = 1$

25. 함수 $f(x)$ 의 도함수를 구하면

$$f'(x) = a(2x-2) - 1 + \frac{1}{x}$$

$$= (x-1)\left(2a - \frac{1}{x}\right)$$

$a \leq 0$ 일 때, 함수 $f(x)$ 는 $x=1$ 에서 극값을 갖는다.

$a > 0$ 일 때, $a \neq \frac{1}{2}$ 이면 함수 $f(x)$ 는

$x = 1$, $x = \frac{1}{2a}$ 에서 극값을 갖는다.

$a = \frac{1}{2}$ 이면 함수 $f(x)$ 는 양수 전체의 집합에서

증가하므로 극값을 갖지 않는다.

따라서 함수 $f(x)$ 가 극값을 갖지 않도록 하는

실수 a 의 값은 $\frac{1}{2}$

26. $h(x) = \dfrac{(x^8+3)f(x)}{4}$ 이라 하자.

$h(1) = 1$ 이므로 $g(1) = 1$ 이고,

역함수의 미분법에 의해 $h'(1) = \dfrac{1}{g'(1)}$ 이다.

$$h'(x) = 2x^7 f(x) + \frac{(x^8+3)f'(x)}{4}$$

$$\Rightarrow h'(1) = 2 + f'(1)$$

$$f'(1)g'(1) = \frac{f'(1)}{2+f'(1)} = \frac{1}{2} \Rightarrow f'(1) = 2$$

27. $\tan f(t) = \left| \dfrac{\sin t - 2\sin t}{1 + \sin t \times 2\sin t} \right|$

$$= \frac{\sin t}{1 + 2\sin^2 t} \cdots \text{㉠}$$

양변을 미분하면

$$f'(t)\sec^2 f(t)$$

$$= \frac{\cos t(1 + 2\sin^2 t) - \sin t \times 4\sin t \cos t}{(1 + 2\sin^2 t)^2} \cdots \text{㉡}$$

㉠에 $t = \dfrac{\pi}{6}$ 를 대입하면

$$\tan f\left(\frac{\pi}{6}\right) = \frac{\dfrac{1}{2}}{1 + 2 \times \left(\dfrac{1}{2}\right)^2} = \frac{1}{3}$$

$$\Rightarrow \sec^2 f\left(\frac{\pi}{6}\right) = \tan^2 f\left(\frac{\pi}{6}\right) + 1 = \frac{10}{9}$$

㉡에 $t = \dfrac{\pi}{6}$ 를 대입하면

$$f'\left(\frac{\pi}{6}\right) = \frac{9}{10} \times \frac{\dfrac{\sqrt{3}}{2}\left\{1 + 2\left(\dfrac{1}{2}\right)^2\right\} - 4\left(\dfrac{1}{2}\right)^2 \dfrac{\sqrt{3}}{2}}{\left\{1 + 2\left(\dfrac{1}{2}\right)^2\right\}^2}$$

$$= \frac{\sqrt{3}}{10}$$

28. 양수 a, 실수 b, 양수 c에 대하여 함수 $f(x)$를
$f(x) = a\{(x-b)^2 + c\}$ 라 하자.

함수 $g(x)$ 의 도함수와 이계도함수를 구하면

$$g'(x) = \frac{5}{3} - \frac{f'(x)}{f(x)} = \frac{5}{3} - \frac{2(x-b)}{(x-b)^2 + c},$$

$$g''(x) = \frac{2(x-b)^2 - 2c}{\{(x-b)^2 + c\}^2} \text{ 이므로}$$

따라서 점 A의 x좌표는 $b - \sqrt{c}$,

점 B의 x좌표는 $b + \sqrt{c}$ 이다.

$$g'(b - \sqrt{c}) = \frac{5}{3} + \frac{1}{\sqrt{c}},$$

$$g'(b + \sqrt{c}) = \frac{5}{3} - \frac{1}{\sqrt{c}} \text{ 이므로 조건 (나)에 의해}$$

$$\left(\frac{5}{3} + \frac{1}{\sqrt{c}}\right)\left(\frac{5}{3} - \frac{1}{\sqrt{c}}\right) = 1 \Rightarrow c = \frac{9}{16}$$

이다.

$$f\left(b - \frac{3}{4}\right) = f\left(b + \frac{3}{4}\right) \text{ 이므로}$$

$$g\left(b - \frac{3}{4}\right) = -\frac{1}{2} \Rightarrow g\left(b + \frac{3}{4}\right) = -\frac{1}{2} + \frac{5}{2} = 2 \text{ 이고,}$$

$$g'\left(b - \frac{3}{4}\right) = 3, \ g'\left(b + \frac{3}{4}\right) = \frac{1}{3} \text{ 이므로}$$

직선 l_1 의 방정식은 $y = 3\left(x - b + \dfrac{3}{4}\right) - \dfrac{1}{2}$,

직선 l_2 의 방정식은 $y = \dfrac{1}{3}\left(x - b - \dfrac{3}{4}\right) + 2$ 이다.

두 직선 l_1, l_2 의 교점은 직선 $y = x$ 위의 점이므로

$$b = \frac{7}{4}$$

조건 (가)에 의해

$$g\left(b - \frac{3}{4}\right) = g(1) = -\frac{1}{2} \Rightarrow f(1) = 1$$

$$\Rightarrow a = \frac{8}{9}$$

$$\Rightarrow f(2) = \frac{5}{9}$$

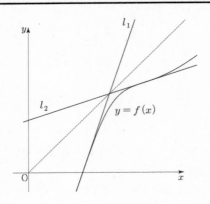

29. $g(0)=0$, $g'(x)=f(x)e^x$ 이므로

$g(x)=\dfrac{x}{4}(x-a)$ 라 하면

$f(x)=\left(\dfrac{x}{2}-\dfrac{a}{4}\right)e^{-x}$, $f'(x)=\left(-\dfrac{x}{2}+\dfrac{a}{4}+\dfrac{1}{2}\right)e^{-x}$

합성함수의 미분법에 의해 함수 $f(g(x))$의
도함수는 $f'(g(x))g'(x)$이므로

$a\geq 0$일 때 함수 $f(g(x))$의 증가와 감소를
표로 나타낸 것은 다음과 같다. … ㉠

(단, $h(x)=f(g(x))$이고 양수 b에 대하여

$g\left(\dfrac{a}{2}-b\right)=g\left(\dfrac{a}{2}+b\right)=\dfrac{a}{2}+1$)

x	$\cdots$	$\dfrac{a}{2}-b$	$\cdots$	$\dfrac{a}{2}$
$h(x)$	$\nearrow$	극대	$\searrow$	극소
$h'(x)$	$+$	0	$-$	0

x	$\cdots$	$\dfrac{a}{2}+b$	$\cdots$
$h(x)$	$\nearrow$	극대	$\searrow$
$h'(x)$	$+$	0	$-$

따라서 함수 $f(g(x))$는 $x=\dfrac{a}{2}$에서 반드시

극솟값을 가지므로 $a<0$

$a<0$이고 함수 $g(x)$의 최솟값이 $\dfrac{a}{2}+1$보다

작을 때, 함수 $f(g(x))$의 증가와 감소를
표로 나타낸 것은 ㉠에서의 표와 같다.

$a<0$이고 함수 $g(x)$의 최솟값이 $\dfrac{a}{2}+1$보다

크거나 같을 때, 함수 $f(g(x))$의 증가와 감소를
표로 나타낸 것은 다음과 같다.

x	$\cdots$	$\dfrac{a}{2}$	$\cdots$
$h(x)$	$\nearrow$	극대	$\searrow$
$h'(x)$	$+$	0	$-$

$a<0$, $\dfrac{a}{2}+1\leq -\dfrac{a^2}{16}$ $\Rightarrow$ $a<0$, $(a+4)^2\leq 0$

$\Rightarrow a=-4$

$\Rightarrow g(10)=35$

30. 자연수 m에 대하여 $a_m\leq 3$이면
$n\geq m$인 모든 자연수 n에 대하여 $a_n\leq 3$이다.
$a_n>3$인 자연수 n의 최댓값이 존재하지 않을 때,
$a_1\leq 3$이고 모든 자연수 n에 대하여 $a_n\leq 3$이다.

$\displaystyle\sum_{n=1}^{\infty}a_n=\dfrac{a_1}{1-\left(-\dfrac{1}{2}\right)}=\dfrac{2}{3}a_1$

$a_1\leq 3$ $\Rightarrow$ $\dfrac{2}{3}a_1\leq 2$이므로 이 경우는 주어진

조건을 만족시키지 않는다.

$a_n>3$인 자연수 n의 최댓값이 존재할 때,
이 최댓값을 M이라 하자.

$\displaystyle\sum_{n=1}^{\infty}a_n=\dfrac{M}{2}(a_1+a_M)+\dfrac{a_{M+1}}{1-\left(-\dfrac{1}{2}\right)}$

$=\dfrac{M}{2}(a_1+a_M)+\dfrac{a_M-2}{1-\left(-\dfrac{1}{2}\right)}$

$=\dfrac{M}{2}(2a_1-2M+2)+\dfrac{2}{3}(a_1-2M)$

$=-M^2+\left(a_1-\dfrac{1}{3}\right)M+\dfrac{2}{3}a_1$

M의 값에 따른 a_1의 범위와 $\displaystyle\sum_{n=1}^{\infty}a_n$의 범위를

표로 나타낸 것은 다음과 같다.

M	a_1의 범위	$\displaystyle\sum_{n=1}^{\infty}a_n$의 범위
1	$3<a_1\leq 5$	$\dfrac{11}{3}<\dfrac{5}{3}a_1-\dfrac{4}{3}\leq 7$
2	$5<a_1\leq 7$	$\dfrac{26}{3}<\dfrac{8}{3}a_1-\dfrac{14}{3}\leq 14$
3	$7<a_1\leq 9$	$\dfrac{47}{3}<\dfrac{11}{3}a_1-10\leq 23$
4	$9<a_1\leq 11$	$\dfrac{74}{3}<\dfrac{14}{3}a_1-\dfrac{52}{3}\leq 34$
$\cdots$	$\cdots$	$\cdots$

따라서 주어진 조건을 만족시키는 a_1에 대하여

M의 값 및 $\sum\limits_{n=1}^{\infty}a_n$의 값이 커질수록 a_1의 값도

커지므로

a_1은 $M=2$, $\sum\limits_{n=1}^{\infty}a_n=\dfrac{8}{3}a_1-\dfrac{14}{3}=9$일 때 최소,

$M=3$, $\sum\limits_{n=1}^{\infty}a_n=\dfrac{11}{3}a_1-10=23$일 때 최대이다.

따라서 a_1의 최솟값과 최댓값은

$\dfrac{8}{3}a_1-\dfrac{14}{3}=9 \Rightarrow a_1=\dfrac{41}{8}$

$\dfrac{11}{3}a_1-10=23 \Rightarrow a_1=9$

$\dfrac{q}{p}=\dfrac{113}{8} \Rightarrow p+q=121$

기하 해설

23. 선분 AB의 중점의 y좌표는 $\dfrac{a+4}{2}$

$\dfrac{a+4}{2}=1 \Rightarrow a=-2$

선분 AB의 중점의 z좌표는 $\dfrac{-1+b}{2}$

$\dfrac{-1+b}{2}=3 \Rightarrow b=7$

따라서 $a+b=5$

24. $\dfrac{b}{a}=2$이고, 주어진 쌍곡선이 점 $P(\sqrt{3},2)$를

지나므로

$\dfrac{3}{a^2}-\dfrac{4}{b^2}=1 \Rightarrow \dfrac{3}{a^2}-\dfrac{4}{4a^2}=\dfrac{2}{a^2}=1$

$\Rightarrow a=\sqrt{2}, b=2\sqrt{2}$

주어진 쌍곡선 위의 점 P에서의 접선의 방정식은

$\dfrac{\sqrt{3}x}{2}-\dfrac{2y}{8}=1$

이 직선의 기울기는 $4\times\dfrac{\sqrt{3}}{2}=2\sqrt{3}$

25. $\overrightarrow{OP}-\overrightarrow{OA}=\overrightarrow{AP}$ 이므로

$\overrightarrow{AP}\cdot\overrightarrow{AP}=|\overrightarrow{AP}|^2=4 \Rightarrow |\overrightarrow{AP}|=2$

따라서 점 P는 점 A를 중심으로 하고 반지름의

길이가 2인 원 위를 움직이는 점이다.

원 $(x-1)^2+(y-1)^2=4$와 x축의 교점 중

x좌표가 큰 것을 P라 하고,

원 $(x-1)^2+(y-1)^2=4$와 y축의 교점 중

y좌표가 큰 것을 Q라 하자.

두 점 $B(1,0)$, $C(0,1)$에 대하여

$\angle PAB=\angle QAC=\dfrac{\pi}{3}$ 이므로

$\angle PAQ=2\pi-\left(\angle PAB+\angle QAC+\dfrac{\pi}{2}\right)$

$\qquad=\dfrac{5}{6}\pi$

따라서 주어진 조건을 만족시키면서 제1사분면

위를 움직이는 점 P가 나타내는 도형의 길이는

$2\times\dfrac{5}{6}\pi=\dfrac{5}{3}\pi$

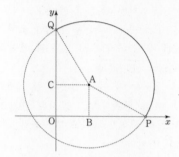

26. 점 C에서 평면 α에 내린 수선의 발을 H라

하면 직선 AC와 평면 α가 이루는 예각의 크기는

$\angle CAH$이므로 $\overline{AC}=\dfrac{2}{\sin\dfrac{\pi}{6}}=4$

따라서 삼각형 ABC는 한 변의 길이가 4인

정삼각형이다.

한편, 점 H에서 선분 AB에 내린 수선의 발을 I라

하면 삼수선의 정리에 의해 $\overline{AB}\perp\overline{CI}$ 이고

두 평면 α, ABC가 이루는 각의 크기는

$\angle CIH$이다.

$\overline{CI}=2\sqrt{3} \Rightarrow \sin(\angle CIH)=\dfrac{2}{2\sqrt{3}}$

$\qquad\qquad \Rightarrow \cos(\angle CIH)=\dfrac{\sqrt{6}}{3}$

이므로 삼각형 ABC의 평면 α 위로의 정사영의

넓이는 $\dfrac{\sqrt{3}}{4}\times4^2\times\dfrac{\sqrt{6}}{3}=4\sqrt{2}$

27. 점 A를 중심으로 하고 점 F를 지나는 원을

C라 하자. 원 C의 반지름의 길이는 $\overline{AF}$이고

주어진 포물선의 준선은 y축이므로 점 A에서

y축에 내린 수선의 발을 H라 하면 $\overline{AF}=\overline{AH}$ 이다.

따라서 원 C는 y축에 접하므로 점 B와 점 H는

일치한다.

점 A의 y좌표는 4이므로

$4^2=4(x-1) \Rightarrow x=5$

점 A의 x좌표는 5이고, 포물선의 정의에 의해
$\overline{AF} = \overline{AB} = 5$이다.

점 F에서 선분 AB에 내린 수선의 발을 I라 하면
$\overline{FI} = 4$이므로

$$\sin(\angle FAB) = \sin(\angle FAI) = \frac{4}{5}$$

28. 원 $(x+k)^2 + y^2 = 5$의 중심을 A라 하자.

$$\overrightarrow{OX} = \overrightarrow{OP} + \overrightarrow{OQ}$$
$$= \overrightarrow{OP} + \overrightarrow{OA} + \overrightarrow{AQ}$$

직선 $2x - y - 4 = 0$ 위의 임의의 점 P에 대하여
$\overrightarrow{OA} = \overrightarrow{PB}$를 만족시키는 점 B가 존재하고,
이 점 B는 직선 $2x - y - 4 = 0$을 x축의 음의
방향으로 k만큼 평행이동시킨 직선 위의 점이다.

$$\overrightarrow{OP} + \overrightarrow{OA} + \overrightarrow{AQ} = \overrightarrow{OB} + \overrightarrow{AQ}$$

직선 $2(x+k) - y - 4 = 0$ 위의 임의의 점 B에
대하여 $\overrightarrow{AQ} = \overrightarrow{BR}$을 만족시키는 점 R이 존재하고,
이 점 R은 점 B를 중심으로 하고 반지름의 길이가
$\sqrt{5}$인 원 위의 점이다.

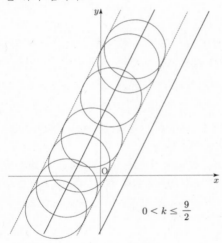

$0 < k \leq \dfrac{9}{2}$

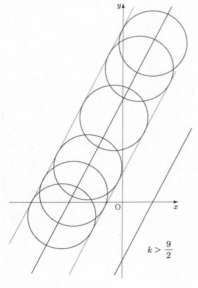

$k > \dfrac{9}{2}$

따라서 주어진 조건을 만족시키는 제2사분면 위의
점 X가 나타내는 도형은 $0 < k \leq \dfrac{9}{2}$일 때
직각삼각형이고, $k > \dfrac{9}{2}$일 때 사각형이다.

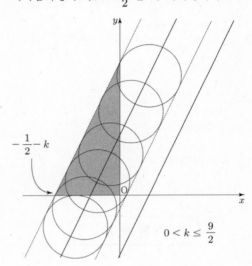

$0 < k \leq \dfrac{9}{2}$

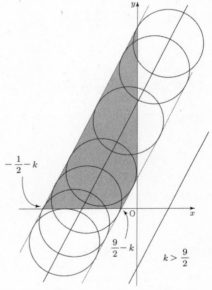

$k > \dfrac{9}{2}$

$0 < k \leq \dfrac{9}{2}$일 때 점 X가 나타내는 영역의 넓이는

$\left(k + \dfrac{1}{2}\right)^2$이다.

$0 < k \leq \dfrac{9}{2}$, $\left(k + \dfrac{1}{2}\right)^2 = 65$를 만족시키는 양수 k의
값은 존재하지 않는다.

$k > \dfrac{9}{2}$일 때 점 X가 나타내는 영역의 넓이는

$\left(k + \dfrac{1}{2}\right)^2 - \left(k - \dfrac{9}{2}\right)^2 = 5(2k - 4)$이다.

$5(2k - 4) = 65 \Rightarrow k = \dfrac{17}{2}$

29. 주어진 쌍곡선의 두 초점이 $F(4, 0)$, $F'(-4, 0)$ 이므로

$a^2 + 3a^2 = 4^2 \Rightarrow a = 2$

점 P가 주어진 쌍곡선 위의 점이므로

$\dfrac{3^2}{4} - \dfrac{b^2}{12} = 1 \Rightarrow b = \sqrt{15}$

직선 l 의 방정식은 $\dfrac{3x}{4} - \dfrac{\sqrt{15}\,y}{12} = 1$ 이므로

직선 l 과 x 축의 교점을 S라 하면, $S\left(\dfrac{4}{3}, 0\right)$

$\overline{PF'} = 8$ 이므로 삼각형 PFF' 은 $\overline{PF'} = \overline{FF'}$ 인 이등변삼각형이고, 삼각형 $QF'R$ 은 $\overline{QF'} = \overline{RF'}$ 인 이등변삼각형이다.

쌍곡선의 주축의 길이가 4이므로 $\overline{PF} = 4$

$\overline{PQ} = k\,(k > 0)$ 이라 하면 $\overline{RF} = k$

두 삼각형 PFF', QRF' 은 닮은 삼각형이므로

$\overline{QR} = 4 + \dfrac{k}{2}$

두 삼각형 QFR, PSF 는 닮음비가 $k : \dfrac{8}{3}$ 인 닮은 삼각형이므로

$4 + \dfrac{k}{2} : 4 = k : \dfrac{8}{3} \Rightarrow k = 4$

따라서 사각형 PQRF의 둘레의 길이는 18

30. 주어진 조건을 만족시키도록 정사면체 ABCD와 세 점 P, Q, R을 표현한 것은 다음 그림과 같다. (단, 정사면체 ABCD의 높이는 2보다 크다.)

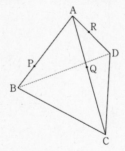

평면 BCD와의 거리가 2가 되도록 선분 AB 위의 점 S를 잡으면 평면 BCD와 평면 QRS는 서로 평행하다.

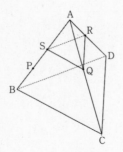

평면 PQR과 평면 BCD가 이루는 예각의 크기는 평면 PQR과 평면 QRS가 이루는 예각의 크기와 같고,

직선 QR은 두 평면 PQR, QRS의 교선이다.

삼각형 PQR은 $\overline{PQ} = \overline{PR}$ 인 이등변삼각형이므로 점 P에서 평면 QRS에 내린 수선의 발을 H_1, 점 H_1 에서 직선 QR에 내린 수선의 발을 H_2 라 하면 $\theta_1 = \angle PH_2H_1$ 이고, 점 H_2 는 선분 QR의 중점이다.

한편, 직선 CD는 두 평면 CDP, BCD의 교선이다.

삼각형 CDP는 $\overline{CP} = \overline{DP}$ 인 이등변삼각형이므로 점 P에서 평면 BCD에 내린 수선의 발을 H_3, 점 H_3 에서 직선 CD에 내린 수선의 발을 H_4 라 하면 $\theta_2 = \angle PH_4H_3$ 이고, 점 H_4 는 선분 CD의 중점이다.

이를 평면 ABH_4 와 정사면체 ABCD가 만나 생기는 단면에 표현한 것은 다음 그림과 같다.

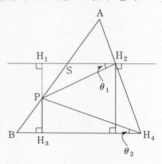

정사면체 ABCD에서 $\cos(\angle AH_4B) = \dfrac{1}{3}$

점 H_2 에서 선분 BH_4 에 내린 수선의 발을 H_5 라 하면

$\overline{H_4H_5} = \dfrac{\overline{H_2H_5}}{\tan(\angle AH_4B)} = \dfrac{\sqrt{2}}{2}$

$\tan\theta_1 - \tan\theta_2 = \dfrac{1}{\overline{H_1H_2}} - \dfrac{1}{\overline{H_3H_4}}$

$= \dfrac{1}{\overline{H_1H_2}} - \dfrac{1}{\overline{H_3H_5} + \overline{H_4H_5}}$

$= \dfrac{1}{\overline{H_1H_2}} - \dfrac{1}{\overline{H_1H_2} + \dfrac{\sqrt{2}}{2}}$

$= \dfrac{\sqrt{2}}{6}$

$2\,\overline{H_1H_2}^2 + \sqrt{2}\,\overline{H_1H_2} - 6 = 0$

$\Rightarrow \left(\sqrt{2}\,\overline{H_1H_2} - 2\right)\left(\sqrt{2}\,\overline{H_1H_2} + 3\right) = 0$

$\Rightarrow \overline{H_1H_2} = \sqrt{2}$

$\Rightarrow \overline{H_3H_4} = \dfrac{3\sqrt{2}}{2}$

정사면체 ABCD에서 $\cos(\angle ABH_4) = \dfrac{1}{\sqrt{3}}$

$\overline{BH_3} = \dfrac{\overline{PH_3}}{\tan(\angle ABH_4)} = \dfrac{\sqrt{2}}{2}$

따라서 $\overline{BH_4} = \overline{BH_3} + \overline{H_3H_4} = 2\sqrt{2}$ 이므로

정사면체 ABCD의 한 모서리의 길이는

$2\sqrt{2} \times \dfrac{1}{\tan\dfrac{\pi}{3}} \times 2 = \dfrac{4\sqrt{6}}{3}$

$p + q = 7$